ヤシ酒の科学

濱屋悦次

ココヤシからシュロまで、
不思議な樹液の謎を探る

批評社

c
a
b
e
d
g
f

a…ココヤシの開花した花序〜*p153*／**b**…酒とり職人はヤシ殻ステップで樹冠部まで登る〜*p41*／**c**…職人は綱を伝わって樹から樹へ渡る〜*p179*／**d**…樹から降ろした酒には大量のショウジョウバエが泡と一緒に浮く〜*p42*（**a−d**：スリランカ）／**e**…スリランカでは樹液採取に素焼壺を使うが、竹筒を使う国も多い〜*p93*（インドネシア）／**f**…キトゥルヤシの花序を切る〜*p185*／**g**…切り口から滴下する樹液を素焼壺で受ける〜*p185*／**h**…食卓におかれたキトゥルヤシの酒壺〜*p27*／**i**…キトゥルヤシのヤシ糖〜*p15*（**f−i**：スリランカ）／**j**…ヤシ酒の蒸留小屋〜*p131*／**k**…蒸留ヤシ酒の４リットル大瓶〜*p130*（**j,k**：フィリピン）／**l**…コカコーラの空瓶に入ったココヤシ酒〜*p103*（インドネシア）／**m**…コロンボ国際空港の免税店で売られている蒸留ヤシ酒〜*p147*（スリランカ）／**n**…シュロの花序を切り、小さなガラス瓶で樹液を受けている状況〜*p233*（東京）

o…幹を竹竿で連結したココヤシ、酒とり職人は竹竿を伝わって樹から樹へ渡る〜*p125*／**p**…ヤシ酒の蒸留小屋内部、中央に単式蒸留器がある〜*p131*／**q**…蒸留ヤシ酒を生産販売する店〜*p125*（**p**－**q**：フィリピン）／**r**…桶に集めたヤシ酒を牛車の樽に移し、蒸留工場に運ぶ〜*p179*／**s**…蒸留工場の連続式蒸留機〜*p175*（**r, s**：スリランカ）

プロローグ

私がヤシ酒の存在を初めて知ったのは、マルコ・ポーロの『東方見聞録』においてである。したがって、大袈裟《おおげさ》な言い方をすれば、クリストファー・コロンブス（一四五一～一五〇六年）のいわゆる新世界発見の話と同じく、このヤシ酒の話もまた『東方見聞録』から始まる。

マルコ・ポーロ（一二五四～一三二四年）は、言うまでもなくイタリア（ヴェニス）の商人であり、旅行家であった。彼は、すでに一度中国に行ったことのある父ニコロと叔父マテオに伴われて、一二七一年（マルコ一五歳）ヴェニスを発ち、陸路三年半かかって一二七四年元の都上都に着いた。以後一七年間元朝の世祖フビライ・カーン（在位一二六〇～一二九四年）に仕え、その間中国のみならず、その周辺各国を広く旅行する。一二九〇年泉州を発って帰国の途につき、ホルムズまでは二六カ月の海路をとり、その後は陸路で一二九五年ヴェニスに帰着した。帰国後約三年経った一二九八年、ヴェニスとジェノアの紛争に関与して、ジェノアの牢獄に約一年間過ごすことになった。牢獄で同室の囚人であった物語作者のルスチケルロに、かつての東方への旅行経験を口述してできたのが『東方見聞録』である。

『東方見聞録』のすぐれているところは、第一にその膨大な内容がすべてポーロの生きた時代の生きた記録だという点にある。書かれた当時には法螺《ほら》とも言われ、必ずしも信頼されたわけではないが、次第に事実に基づく記録として認められるようになった。だからこそ、コロンブスの航海をはじめとするいくたの冒険の原動力になり得たのである。現代においても、ポーロが通過した当時の各地の状態を伝える貴重な資料として、その価値は増しこそすれ減ずることは決してない。それは、記述の多くが実際の経験に基づくことであり、伝聞であっても作為的な改変が少ないからにほかならない。そしてまた、ポーロの通った路は、自らの文化のルーツとして私たち日本人が憧《あこが》れてやまない「シルク・ロード」そのものなのである。

私も「シルク・ロード」への憧れでは人後に落ちない。もうかれこれ三〇年近く前になるが、出版後間もない『東方見聞録』（愛宕松男訳注、平凡社東洋文庫、一九七〇）を読んでいて、サマトラ王国（スマトラ島）のところで、私にとってははなはだ不思議というか、面白い話に遭遇した。それがヤシ酒の話であった。少々長いが引用してみる。

「酒は次に説明するような種類のものだけが存する。すなわちこの島に育つ一種の樹があって、土人たちはその枝を切り、切り口に大きな壺を掛けておくのである。すると一昼夜の間にこの壺は一杯になる。この酒は飲んで実にうまいし、そのうえ脹満・咳病・脾臓病をいやす効能がある。この樹は一見したところ小型の棗椰子《なつめやし》に似ており、枝もほんのわずかしかないが、適宜の時節にその一枝を切りさえすれば、上記のようなうま酒がちゃんと得られるのである。またその切り口からもう酒が出なくなると、彼等は付近の小川から引いた水溝の水を十分なだけこの樹の根元にかけてやる。すると一時間もたてば樹液が再びしみ出てくる。もっとも二度目は最初のような赤い液ではなくて淡い色をしているが、とにかくこうして赤い酒と白い酒との二種類が手にはいるのである」

さらに、セイラン島（セイロン島）の部分にも「前記したような樹液からできる酒が、ここでも作られている」との記述があった。私は眉に唾をつけた。樹の枝に壺をかけておくだけで無尽蔵に酒ができるなんて、信じられないではないか。文化人類学の教えるところに従えば、各民族の文化と酒には深い関係があって、その酒造技術の成立には長い歴史的な裏付けがある。酒をつくるということは、そんなに簡単なことではなく、それにはそれなりにいろいろな苦労があって当然なのである。それが樹の枝を切るだけとは信じられないことであった。

私は最初、ポーロが酒以外の刺激性飲料を酒と混同したのではないかと考えた。しかし、イタリア人の彼が酒と他の飲み物の区別を誤るはずはなかった。ポーロの記述が単なる作り話であると考えるべきではないのも先述した通りである。念のため訳者の注を見ると、この樹はアレング・サッカリフェラ（正しくはアレンガ・サッカリフェラ *Arenga saccharifera* = *A. pinnata* 和名サトウヤシ　著者注）であると学名まで出ている。真実の話であることは疑うべくもない。だが、なぜこの樹から酒がとれるかという肝心の説明はなかった。

サトウヤシについて、『図説熱帯植物集成』（E・J・H・コーナー及び渡辺清彦、廣川書店、一九六九）で調べると、「幹に黒毛、葉裏銀灰色、高さ六メートルで開花枯死。花序を切り出る液で砂糖や酒を作る。生長点、若葉、胚乳を食用。髄の澱粉も利用、幹の毛はロープ、葉羽片中肋は箒、編棒、葉柄はステッキ。果肉は刺激性」とある。この本には熱帯地方のヤシ科植物が百種以上収録されていて、砂糖や酒をとるヤシとしてサトウヤシ以外にも一〇種近くがあげられている。それにはココヤシも含まれていて、ヤシ類が砂糖や酒の重要な原料となっていることをうかがわせたのである。

私は決して酒飲みではないが、このヤシ酒の話にすっかり魅せられた。樹液が酒とはいかなることなのであろうか。おそらく樹液中の糖分が醗酵してアルコール（エタノール）になるのであろうが、それにしてもうまくできすぎている。花序を切るということは、いったいどのようなことなのであろうか。なぜ樹液が流出し続けるのであろうか。樹液はいつも間違いなく酒になるのであろうか。疑問はつきなかった。もっと詳しく知りたかったが、当時のわが国ではまだまだ南方諸地域の植物に関する文献が全般的に乏しく、先述の『図説熱帯植物集成』に述べられている以上のことは何一つわからなかった。植物病理学を専攻とする私にとって、醸造学は専門ではないが、微生物や植物成分を扱うということで、まったく無関係というわけでもない。将来、南方にゆく機会があったら、このヤシ酒に関する疑問をぜひ明らかにしたいと思った。

ヤシ酒の科学――――*目次

◉プロローグ……1
[第一章]……ヤシ酒との出逢い……11
スリランカの紅茶とヤシ糖……13
ヨーグルトとヤシ蜜……18
スリランカはヤシ酒の国……21
ヤシらしからぬキトゥルヤシの姿……23
キトゥルヤシの酒……26
パルミラヤシの酒……30
ココヤシの酒……37
プレオナンシックとハパクサンシック……45
植物の導管と篩管……48
導管流の原理……50
篩管流の原理……52
甘い樹液は篩管液……56
ヤシ樹液の醗酵……57
ヤシ酒の醗酵は続く……61
アラックの味……64
北のブドウ酒と南のヤシ酒……67

別れ……69
[第二章]……各国のヤシ酒……71
インドネシアはイスラム教国だった……73
サトウヤシからつくるヤシ糖……75
サゴ澱粉の製造……78
家内工業でつくるヤシ糖……82
古本屋の掘出物……85
ボロブドール遺跡とヤシ糖……90
ついにマルコ・ポーロの酒を飲む……97
スマトラ島のヤシ酒……104
タイのヤシ酒……106
タイのヤシ糖……111
ヤシ樹液の変質防止……116
フィリピンのヤシ酒……118
ヤシ酒は高級スーパーにない……121
ヤシ酒の産地ラグナ州リリウ……124
インドのヤシ酒……135
その他の国々……138

幹頂部からの採液法……142
［第三章］……スリランカ再訪……145
樹液の謎を解くヒント……146
ネゴンボの居酒屋……148
ココヤシ研究所……150
ココヤシの採液法……153
国道の居酒屋……159
パルミラヤシ開発局……162
パルミラヤシの採液法……167
ヤシ酒蒸留工場……173
ヤシ酒職人の親子……177
キトゥルヤシの採液現場……182
キトゥルヤシの採液法……187
ミグ二五戦闘機がとりもつ古い縁……194
植物遺伝資源センター……198
三〇〇年前のヤシ酒製法……202
キャンディ地方のヤシ酒とり……204
再会……210

[第四章]……不思議な樹液の謎に迫る……217
ヤシ酒に残った最後の謎……218
植物の光合成……220
光合成産物の供給器官と受容器官……222
受容器官における蔗糖……223
供給器官と受容器官の相互関係……225
研究用篩管液の微量採取方法……227
篩管液が大量にとれる植物は希有《けう》……228
シュロの樹液採取……232
樹液流出をめぐる百家争鳴《ひゃっかそうめい》……235
導管や篩管は傷がついても漏れない……238
ヤシの篩管も本来は漏れない……240
ヤシの篩管に何が起こるのか……241
樹液流出は篩管制御系の異常……243
◉エピローグ……246
◉著者あとがき……250
◉参考文献……254

第1章

ヤシ酒との出逢い

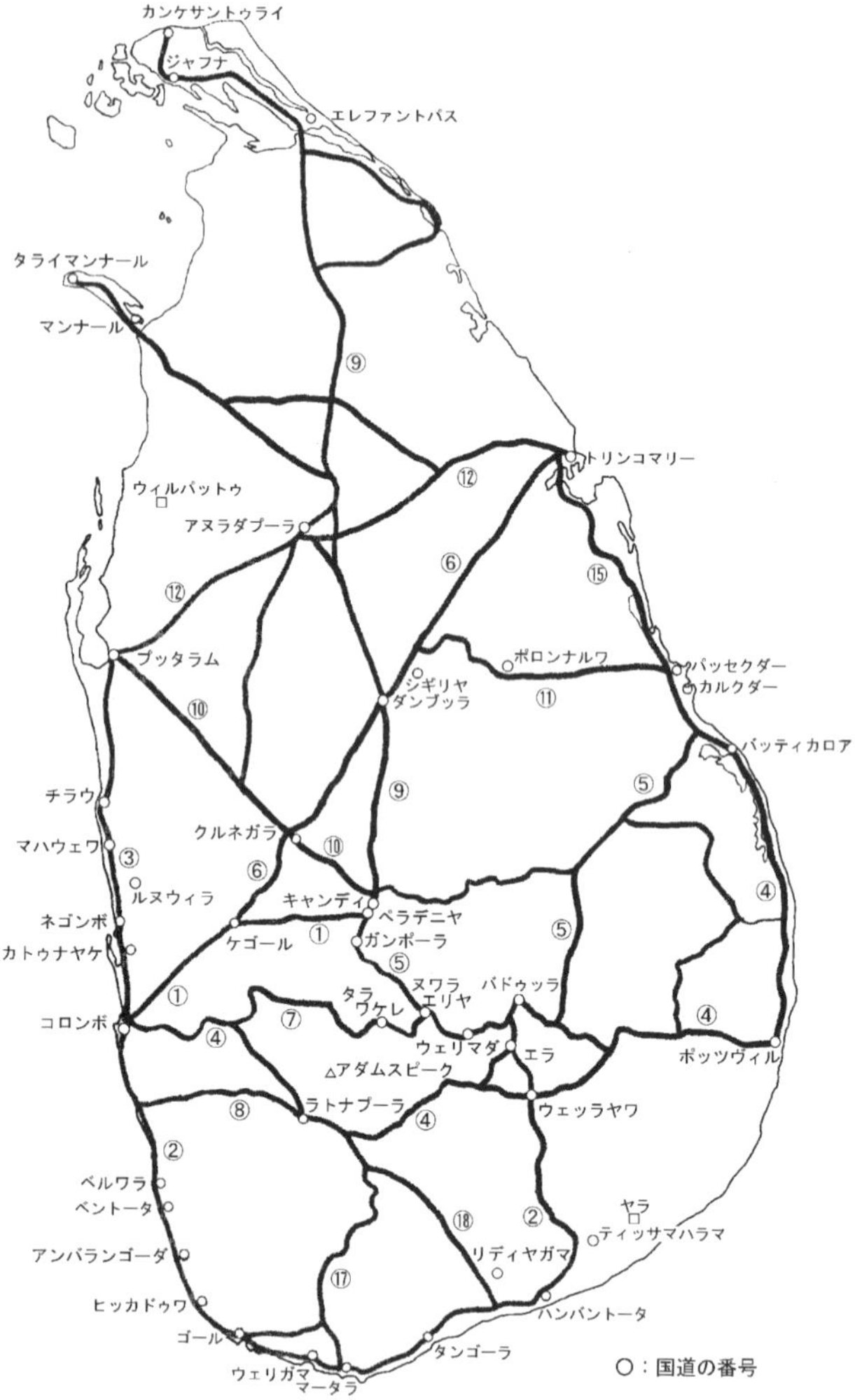

スリランカの主要道路地図

スリランカの紅茶とヤシ糖

南方にゆく機会は意外と早くやってきた。一九七五年、農林省熱帯農業研究センター（現農林水産省国際農林水産業研究センター）の長期在外研究員として、スリランカに勤務することになった。任務は同国における野菜病害の研究、任地は高地のヌワラエリヤ、任期は二年であった。公務上ヤシ類との直接的な関係はなかったが、マルコ・ポーロが「前記した酒がここでも作られている」と述べているスリランカ（かつてのセイロン）である。もしかしたらヤシ酒に接する機会があるかもしれない、と秘かに期待を持った。

ヌワラエリヤは海抜二〇〇〇メートルに近く、熱帯地方にありながら年平均気温は約一六度、英国統治時代からスリランカ随一の高級避暑地であるとともに、紅茶の集散地としても名高い。それに加えて近年は、温帯性野菜の供給地として非常に重要な地位を占めている。私の勤め先はヌワラエリヤ市郊外にあるシータエリヤ農業試験場。温帯性野菜をおもな研究対象として三年ほど前にドイツ（当時の西ドイツ）の援助で建設され、栽

筆者が２年間滞在したヌワラエリヤ市立ホテル

シータエリヤ農業試験場（立っているのは筆者）

培、育種、土壌肥料、病害虫の四研究室に計一二名の研究職が所属し、事務職や研究補助職の人を加えても、圃場労働者を除くと、場長以下三〇名あまりの小さな試験場だ。私は子供の学校のこともあって単身赴任、しかもヌワラエリヤに居住する日本人は私一人、ヌワラエリヤ市立のホテルで独り住まいをすることになった。

無事に着任し、前任者の帰国以来ほこりまみれになっていた居室の掃除をやっと終え、机の前に座り、これからのことなど考えていると

「お茶にしましょうよ、ナンダをキャンティーンにお遣いにやったわ」

とチェルワットレイさんが声をかけてくれた。彼女は、この試験場の病害虫研究室長で、私のカウンター・パート（共同研究者）でもある。

実験室にゆくと、研究室助手のクマーラ君やジャヤシンガ君もいる。ナンダは試験場の雑役婦だ。キャンティーンは軍隊用語で酒保のことだが、スリランカでは場内喫茶室のような意味に使われている。この試験場と同じ構内にある種子農場の付属施設である。

間もなくナンダが戻ってきた。二リットルの三角フラスコに入れた紅茶と小さな紙包みをジャヤシ

ンガ君に渡して黙って出てゆく。三角フラスコは前任者たちが日本から運んだ貴重な実験器具の一つだ。私の存在に気がついて、私より現地側の人たちがハッとした様子。しかし私が何も言わなかったので、何となくホッとした空気が流れる。あまり小さなことでギクシャクしても仕方がないではないか、明日にでも研究室にヤカンを寄付しよう。

私は努めてさりげなく

「お茶が少し冷めているんじゃない」

と言う。

ジャグリ（キトゥルヤシのヤシ糖）

ジャヤシンガ君が電熱器にフラスコをかけた。その電熱器も日本製である。二三〇ボルトの電圧を、これも日本から持ってきた変圧器で一〇〇ボルトに落として使っている。すべて前任者たちが営々として運び込んだ実験室の備品だ。

お茶が沸いて皆に配られる頃には、実験室の雰囲気も元に戻っていた。今度は私がホッとする番である。お茶に続いて小さな紙包みから焦げ茶色の塊が一個ずつ渡された。二センチ四方、厚さ五ミリほどのキャラメル様の塊。

「これは何？」

「英語でジャグリjaggery、ヤシ糖のことよ。シンハラ語ではハクル。これを少しずつかじりながらお茶を飲むの」

ヤシ糖はヤシ酒と密接な関係がある。双方とも原料はヤシの樹液である。樹液をそのまま煮詰めたのがヤシ糖、醗酵させたのがヤシ酒だから、ヤシ糖があるならヤシ酒もあるに違いない。この国にきたら、仕事の合間にぜひヤシ酒のことを調べたいと秘かに願っていた。その足掛かりに、これほど早く出逢えるとは思ってもいなかった。この調子なら、ヤシ酒だってつくっているかもしれないではないか。初めての海外経験、しかも日本人一人という生活にいささか気が滅入っていた時であったが、私はすっかり元気になった。

当時のスリランカでは砂糖が欠乏していて値段も高かったから、人々は仕方なくこのようにしてお茶を飲むことが多かった。わずかな量の砂糖をカップに入れても甘さは中途半端であるが、その砂糖をお茶とは別々に味わえば、甘味に対する満足感が得られるからである。しかし私にとっては、ジャグリの控えめな甘さと紅茶の味が口の中で適当に混じり合い、えも言われぬ新鮮な美味しさに感じられた。ジャグリは、日本で食べるサトウキビの黒砂糖に較べると、甘さが少し軽く、かすかに酸味がある。それと、何となく煙のような匂いがする。

「ジャグリを買いたいんだけど、どこで売っているの？」

「市場でも、街の食料品店でも、どこでも売っていますよ。何なら一緒にいってあげましょうか」

とクマーラ君。

四時の退庁時間になると、研究室の一同は私の公用車に乗ってヌワラエリヤの中心街に繰りだした。なるほど市場の八百屋の店先にも、街の食料品店の棚にも、直径約一〇センチ、半球形褐色のジャグリが積んである。あちこち品定めをしたあげく、ヤシの葉で包んだ食料品店の品物が選ばれた。店のオヤジが桿秤《さおばかり》で目方を計り、値段を決める。一個だいたい一ポンドで一〇〇円くらい。現地の若衆が一緒だから値段をぼられることもない。私は二個買い込んだ。

「キトゥルヤシのハクルが一番上等よ。買うときには、一応確かめた方が安全ね」

チェルワットレイさんが教えてくれた。

ヌワラエリヤの中心街

当時のスリランカはバンダラナイケ夫人（現大統領クマーラトゥンガ夫人の実母、現首相）の政権下にあり、きびしい緊縮経済政策で白砂糖などの消費物資は一般に品薄であった。しかし国策としてホテルには特別配給があり、ヌワラエリヤ市営のホテルに宿泊している私にはまったく不自由はなかった。その私がホテルでお茶を飲む時にも、ジャグリのかけらをかじり、砂糖壺には手を触れないので、ホテルの支配人は事情を納得するまで大いにいぶかったものである。勤め先でのお茶は、キャンティーンへゆくか、ナンダに買ってきてもらったが、いずれにしても、ジャグリをかじりながら飲んだ。

これはずっと後のことであるが、帰国してから農林省茶業試験場（現農林水産省野菜茶業試験場）に勤務した私は、訪日したスリランカ茶業研究所のシヴァパラン所長に
「ジャグリをかじりながら紅茶を飲むのが大好きですよ」

と話し
「それは典型的なヴィレッジ・ピープルの飲み方ですよ」
とからかわれた。しかし所長はその話をよく憶えていて、後日再びスリランカを訪れた時、研究所特製の最高級紅茶とともにジャグリをお土産に下さったのには恐縮した。

ヨーグルトとヤシ蜜

「キリ・ハティヤを食べましたか？」
二、三日経ったお茶の時間にクマーラ君が聞く。
「え？」

「シンハラ語でカードのことですよ。英語ではヨーグルトとも言うのかな。ホテルの食事でデザートにでませんか？　ヤシ蜜をかけて食べるキリ・パニは絶品です」

とえらく熱が入る。これだけでは分からないので少し説明してもらうことにする。

シンハラ語でキリは乳、ハティヤは浅い容器の意味であるが、キリ・ハティヤはヨーグルトを指す。この国のヨーグルトは、一般に水牛の乳を土器製の浅い壺に入れてつくるので、こう呼ばれている。パニは蜜のことで、単にパニと言えばヤシ蜜である。ヤシ蜜もキトゥルヤシからとったものが最上質とされ、ヤシ糖と本質的に同じであるが、樹液の濃縮の度合いが低い。キリ・パニはスリランカ人の大好物であるが、外国人にも評判が良いので、ホテルの食堂でもよく出すそうである。

私はもっぱらルーム・サービスで食事をとっていたので、まだ食べたことがなかった。

　問題がヤシのことなので放っては置けない。次の朝、さっそく食堂に出てゆき、キリ・パニを注文した。ボーイ長が嬉しそうな顔をして運んできたのを見ると、直径約二〇センチの素焼土器に入ったヨーグルトが、陶製容器にたたえられた黒褐色のヤシ蜜と並んでいる。最初用心して少ししか皿にとらなかったが、一匙口に運んで驚いた。日本のヨーグルトより脂肪分に富み、味が濃厚であるが、決して嫌みではなく、適度に酸味がある。それが、ヤシ蜜のちょっと煙臭い匂いや少々焦げたような甘味とよく合い、全体的に非常に円やかとなり、実に美味しい。

キリ・ハティヤ（ヨーグルト）

　退庁後、また市場にいった。八百屋や食料品店の店先に、数個のキリ・ハティヤが無雑作に重ねて吊り下げられていたり、積み上げられたりしている。その傍には汚いガラス瓶に入ったヤシ蜜が二、三本、これまた同じように吊り下げられたり、立てかけられている。瓶には新聞紙を丸めた栓がしてある。スリランカの市場は、日本の感覚からすれば、決して衛生的とは言い難い。狭い通路を挟んで小さな店が並び、人々で雑踏し、異様な臭気が漂っている。そのような中で、お客はキリ・ハティヤの新聞紙の蓋をちょっとめくって品定めをする。なかには、表面に青カビ、黄カビなど、さまざまなカビが生えているもの

市場の八百屋で売られているキリ・ハティヤ

もある。そういうのは売れないから、また残る。最後にそれがいったいどうなるのかは知らない。ヤシ蜜も気軽に掌にたらして味見をさせてくれる。とにかく、すべてが、かなり汚ならしい雰囲気で売られている。

　しかし、それなりに、キリ・パニがいかにスリランカの人々の食生活と密接に結びついているのかがわかる。なるべくきれいそうな店で、キリ・ハティヤを一個、ヤシ蜜を一瓶買った。ホテルに帰って試食してみると、今朝食堂で食べたのとまったく同じ味がする。これは驚くべきことであった。キリ・ハティヤが、よく選抜された純粋な乳酸菌醗酵によるものであることは間違いない。不細工な土器の外観、汚い古紙の蓋、不潔な市場の雰囲気などからは、想像もできないことであった。この国の伝統的な醗酵食品に不思議な底力のようなものを感じないわけにはゆかなかった。おそらく、なんらかの近代的な工業施設や微生物学の知識がないのに、これだけの安定した製品を産み出しているのだ。ヤシ酒に対する期待がいっそう高まった。

　なお、醗酵食品ではないが、スリランカで食べたデザートで美味しかったものにサゴプリンがある。直径二ミリほどに固めたパールサゴとかシードサゴと呼ばれるサゴ澱粉（ヤシからとった澱粉、後出）に水を加えて熱し、ジャグリで甘味をつけてから冷やしたもので、褐色のベースに無色透明の粒々が混じり、見た目にも楽しい。キリ・パニとともにスリランカ人の大好物でもある。

スリランカはヤシ酒の国

こうして、スリランカではヤシの樹液が現在でも大衆の重要な甘味資源として活用されていることがわかったが、最も気がかりなのはヤシ酒の有無であった。何度目かのお茶の時間に、思い切ってヤシ酒の話を持ち出してみた。私としては、着任早々酒の話をすることに若干の遠慮もあった。それに「ない」という返事も恐かった。ところがすべての心配は無用、しごく簡単に「この国で酒と言えばヤシ酒ですよ」との答えが戻ってきた。

クマーラ君もジャヤシンガ君も気さくな二〇歳代の好青年であった。二人とも独身で、構内官舎の一軒に二人で住んでいる。クマーラ君の方が二、三歳上で、英語もうまい。その二人が得たり賢しとばかり熱心に説明してくれた。要約すると次のようになる。

ヤシ類は、幹や花序（花がつくように特化した枝、若い間はタケノコ型で皮をかぶっている）の軟らかい部分に傷をつけると甘い樹液が滲みでるが、幹に傷をつけると樹が衰弱するので、一般に樹液とりには皮から顔を出す前の花序を用いる。ただし、樹液とりをすれば果実はならない。皮（苞という）をかぶったタケノコ型の花序は、ココヤシを例にとると、直径約一〇センチ、長さ約一メートルもある。その先端を切って、傷口から滴下する甘い樹液をシンハラ語でテリッジャ、英語ではスイート・トディ sweet toddy といい、樹上にかけた壺で受ける。壺に溜まった樹液を朝夕降ろすとき、花序の先端を薄く切って、傷を新しくする。

テリッジャを煮詰めたものがシンハラ語でハクル、英語でジャグリと呼ばれる黒砂糖である。また、テリッジャを醗酵させればシンハラ語でラー、英語でファーメンテッド・トディ fermented toddy（単にトディということが多い）と呼ばれる酒になる。新鮮なトディは非常に美味しい。しかし、どんどん醗酵が進んで酸味を増し、味は急速に落ちる。トディの欠点を除くために蒸留する。蒸留酒にすれば何年でも保存できるし、運搬も容易になる。蒸留したヤシ酒をシンハラ語でも英語と同じアラック arrack という。トディやアラックの生産には政府の免許が必要である。

スリランカで樹液を利用するおもなヤシは、キトゥルヤシ *Caryota urens*、ココヤシ *Cocos nucifera*、パルミラヤシ *Borassus flabellifer* の三種で、キトゥルヤシは主として南西部多雨地帯（ウェット・ゾーン）の山間地に生育し、ココヤシの主要栽培地は西南～南部の海岸地方、パルミラヤシの主産地は北部少雨地帯（ドライ・ゾーン）のジャフナ地方などである。このうち、ココヤシの樹液が最も多くヤシ酒生産に用いられるが、このヤシのジャグリは味が劣るとされている。キトゥルヤシのジャグリは味が最も良いので、樹液はもっぱらジャグリをつくるのに用いられ、トディにされるのは比較的少ない。パルミラヤシの樹液はトディとジャグリの双方に利用される。

樹液をトディにする場合、樹から降ろす時すでに醗酵して盛んに泡立っているので、ジャグリにする場合とは最初から処理が違うと考えられる。しかし、詳しいことはわからない。樹液とりは、トディ・マンもしくはトディ・タッパーと呼ばれる専門の職人が行うからである。ヤシの樹は背が高く、最も低いキトゥルヤシでさえ樹高は約一五メートルになり、ココヤシやパルミラヤシでは三〇メートルに達するので、普通の人には登れない。トディ・マンは、それぞれのヤシについて独特のカーストを形成し、花序を切って樹液をとる方法について、先祖伝来の秘伝がある。

村々では、その土地その土地のヤシからトディを盛んにつくり、人々が愛飲している。値段はあってないようなもの、一〇円も出せば大きなお椀に一杯飲めるそうである。また、ココヤシ栽培地帯の西南海岸部では、大々的に生産されるココヤシ・トディを多くの蒸留工場がアラックに加工している。アラックにはいろいろな銘柄があって、それらの瓶詰は国中の酒屋や食料品店の店頭に並ぶ。七五〇ミリリットル入りの一瓶が二〇〇〜五〇〇円だ。トディもアラックも値段が安く、まさにスリランカの国民酒と言える。

何とスリランカは、ヤシ糖ばかりではなくヤシ酒の天国であった。私はすっかり楽しくなった。なお、これは後で辞書を引いて分かったことであるが、英語のトディは、ヒンディ語でパルミラヤシの樹液を指すターリ*tari*が語源であった。

ヤシらしからぬキトゥルヤシの姿

こうして、スリランカが私のヤシ酒探訪に、まさにうってつけの国であることがはっきりしてきた。それならそれで、まず樹液をとっている現場を見なければならない。研究室の連中によると、キトゥルヤシならキャンディとヌワラエリヤの間の道筋にはいくらでも生えていて、採液も実際に

ヌワラエリヤ・キャンディ間の山道（茶畑が多い）

行っているそうだ。

「ヌワラエリヤを離れてすぐ下の辺りからキャンディの近くまで、ヤシ糖の産地ですよ。道端にヤシ糖やヤシ蜜を売っている小店が何軒もあったでしょう？　山間にキトゥルヤシがたくさん見えるし、なかには採液をしている樹もあるはずです」

と彼らはこともなげに言う。しかし、私にはいっこうにそれが見当たらない。ヌワラエリヤには日本人が私一人だったので、三人の同僚がいるキャンディには、ときどき自動車で連絡にゆく。つづら折れの山道約二時間半の行程である。そのつど運転手のダルマラトナも
「ホラ、あれあれ」

と指差すのだが、私にはそれがぜんぜん見えない。それでも私はあいまいに相槌を打つ。急坂と急カーヴの連続だから、まかり間違えれば千尋《せんじん》の谷底である。あまり運転手に脇見をさせると命にかかわる。

キトゥルヤシを認識できなかったのは、私の無知と先入観に原因があった。先述したように、このスリランカ勤務は私にとって初めての海外経験である。しかも海岸部の空港から高地の任地に直行したから、着任当初、私の熱帯植物に対する知識は皆無に近く、ヤシといえばココヤシしか想い浮かばない状態だった。写真や絵で馴染のあるココヤシと似た姿ばかり探していたのであるから、

目当てのキトゥルヤシが目に入るはずはなかった。改めてキトゥルヤシを図鑑で見ると、その形は私が考えていたヤシのイメージを覆すものであった。それが他の樹といっしょになって茂みを形成しているので、しばらくそれとわからなかったのである。一枚の葉がいくつかの小さな葉（小葉という）に分かれている葉を複葉というが、キトゥルヤシでは、約一五メートルの樹幹の上半分くらいに、大きな羽毛状の複葉（羽状複葉という）が枝のようにつき、その羽状複葉の各小葉はまた羽毛状の複葉になっている二回羽状で、最後の小葉は魚尾状の三角形をしている。

その気になって探すと、今度はキトゥルヤシが山間の木々に混じって生えているのが目に入るようになった。幹に何かしら容器のようなものをかけた樹もあり、地面からそこまで長い竹竿が添え

花序に吊られた壺

採液中のキトゥルヤシ

てある。採液中の樹だ。かかっている容器は土器の壺。壺に差し込まれているのは花序であろうが、枝のように見える。間違いなく、マルコ・ポーロが「その枝を切り、切り口に大きな壺を掛けておくのである」と述べている状況だった。

さらに目が馴れてくると、道のすぐそばの茂みのなかにもキトゥルヤシがある。キャンディとヌワラエリヤの間には、山の急斜面の中腹に道をつけた部分が多いから、道の谷側に生えている樹の樹冠部が道にいる私たちのちょうど目線の高さになることもまれではない。そのような場合に、樹液を集めている壺を目の前で観察できることさえあった。雨水が入ったり、虫が飛び込んだりしないように、壺に覆いを被せてあるのもよくわかる。

キトゥルヤシの酒

私は仕事柄、野菜の産地を自動車で調査して廻ることが多かった。調査にはチェルワットレイさんとジャヤシンガ君、あるいはクマーラ君とジャヤシンガ君が同行してくれる。運転手はもちろんダルマラトナ。

そのようなある日、私のヤシに対する思い入れが生半可でないことを知ったジャヤシンガ君が、「私の家に寄りませんか。裏山のキトゥルヤシから採液していますから、母にジャグリづくりを見せてくれるように言っておきます」

と、調査の途中で自分の生家に招待してくれることになった。私には願ってもないことである。その日には、クマーラ君も同行することにした。

ジャヤシンガ君の故郷は、ウェリマダに近い山村である。ヌワラエリヤから東南に約四〇キロ、自動車で約二時間かかる。生家は山間にある典型的な農家で、家の前に二ヘクタールほどの水田があり、三ヘクタールくらいの裏山も持っている。茶畑になっている裏山には、自生のキトゥルヤシが十数本あり、ジャックフルーツJackfruitの樹もある。ジャックフルーツの樹は樹高二〇メートル以上の大木で、その幹や太い枝に、長径三〇～六〇センチ、重量一五～三〇キログラムにもなる卵形の巨大な果実が数多くぶら下がっている様子は、まさに奇観だ。若い果実は澱粉質でカレーの材料となり、熟せば甘い果物として生食できる。

食卓におかれたキトゥルヤシの酒壺

朝の九時過ぎに到着した私達を両親が大歓迎してくれた。朝早く食事抜きで出てきた私には朝食まで用意してあった。別室の食卓に案内されると、パン、蒸しキャッサバ、カレー、サンボールなどのご馳走のほかに、見慣れない素焼きの壺が並んでいた。中に泡立った米の研ぎ汁のような液体が入っている。

「キトゥルヤシのトディですよ。ぜひ飲んでみて下さい」とジャヤシンガ君。

私を喜ばすために、予告せずに用意してあったのだ。この上ない感激である。念願のヤシ酒が目の前にあるのもさることながら、ジャヤシンガ君一家の心遣いが嬉しかった。まずは一杯、壺から茶こしを通してガラスコップに注いでもらい、食事前に頂く。

「美味しい！」

決してお世辞ではなかった。やや甘酸っぱく、炭酸の刺激味が加わり、リンゴ果汁を少し薄めて醗酵させたようで、それらしい芳香さえ漂う。ゴミが泡といっしょに浮かぶ白い濁り酒、汚い壺。外見からはとても考えられない上品な美味しさだ。

「これがマルコ・ポーロの飲んだ酒か！」、夢を見ているような気持ちでコップはたちまち空になった。二杯目を所望すると、心配そうな目で私の顔を見つめていたジャヤシンガ君が、ホッとしたように喜んで注いでくれる。アルコール濃度は四～五％であろうか、まだまだ飲めそうであったが、コップ二杯でやめた。いくら嬉しいからといって、朝から酔っ払うわけにもゆかない。

紅茶とジャグリ（ヤシ糖）

食事の後には紅茶がでた。あらかじめミルクが入り、ジャグリが別についている。ミルクがあるのに粉砂糖がないはずはないので、ジャヤシンガ君から私のお茶の飲み方を聞いていたのであろう。紅茶茶碗も美しい輸入品で、おそらく、とっておきの来客用に違いない。至れり尽くせりの心遣いであった。

壺に残った酒はクマーラ君とダルマラトナが全部飲んでしまった。彼らも多弁になり、何とか私の疑問を解消しようと努力してくれる。

「こんな美味しい酒が、樹の上で自然にできるなんて信じられないね」

「トディ・マンが昨日の夕方壺をかけておいて、今朝回収しただけですよ」

「本当かね」

「本当です」

キトゥルヤシの樹液を煮つめてジャグリにする

話は堂々巡りであった。信ずるほかはない。村にはキトゥルヤシから樹液をとる専門のトディ・マンがいて、頼んでおくと、毎日朝と夕方の二回来てくれるのだそうである。ふつうはジャグリ用の樹液をとるが、注文すればトディにしてくれる。
「じゃあ、トディ・マンはジャグリ用とトディ用の樹液をどうやって区別するのかね」
この質問がでると、彼らの歯切れはとたんに悪くなった。彼らにもよくわからないのである。それはトディ・マンたちの秘伝に属し、あまり詮索することは何かしらタブーを侵すような意識もあるらしい。要するに、説明としては研究室で聞いていた以上に出なかったが、実際にヤシ酒を飲めたということだけで、私には十分であった。

樹液とりの論議が長くなって、台所に案内された時には、ジャグリづくりはもう最終段階であった。朝早くトディ・マンが樹から降ろした新鮮な樹液をジャヤシンガ君のお母さんが二時間あまりも煮詰めていたのである。私たちが台所に入って間もなく、すっかり煮詰まった樹液がヤシ殻の半球形の型に流し込まれ、作業は終わってしまった。だが、来て間もないスリランカで、農家の台所に入れたことが大層嬉しかった。

パルミラヤシの酒

国道九号、自動車は島の北端ジャフナを目指して走り続けている。

ジャフナ地方の気象条件は、全般的に降水量が少なくきびしい。しかし、地下の岩盤上に溜まった地下水を汲み上げて灌漑する集約農業が発達していて、タマネギ、トウガラシ、ジャガイモなど、この国有数の野菜産地だ。

チェルワットレイさんの休暇帰郷を兼ねて、調査にゆこうということになった。彼女はジャフナ出身である。

「ヤシの葉が変わったでしょう。あれがパルミラヤシよ」

と後ろの座席からチェルワットレイさん。私が運転手と前の席に坐り、チェルワットレイさんとジャヤシンガ君が後の席にいる。

なるほど、少し前から、見かけるヤシの葉の形が変わった。今朝発ったキャンディ近くで生育しているヤシはココヤシだから鳥の羽毛のような羽状葉であった。途中のアヌラーダプラあたりのヤシも間違いなく羽状葉だった。それからしばらくするとヤシの樹がぜんぜんない地帯があり、それが再びポツポツと見えだしたら、人間の手のひらのような掌状葉のヤシになっていた。ジャフナは、もうすぐそこである。

「美味しいトディが飲めますよ」

ジャヤシンガ君が嬉しそうに言う。ダルマラトナの運転は力を取り戻し、スピードがまた一段と上がった。頬がゆるんでいる。

自動車はジャフナ地域に入った。ジャフナでは、地下水の汲み上げによる集約農業のほかに、古くからパルミラヤシの栽培が盛んで、その地のタミル人が徹底的に利用してきた。

パルミラヤシの若い樹

夕暮れ近いパルミラヤシの林。少し薄暗くなった林の中に囲いがあり、トタン葺きの店構えに藁屋根だけのような小屋が見える。ダルマラトナが車を止めた。特別な看板があるわけでもないが居酒屋らしい。

「私はゆかないわ、ゆっくりしてきて

パルミラヤシの林の中にある居酒屋

いいわよ」

チェルワットレイさんを自動車に残し、男だけ三人で囲いに入った。藁屋根の下をのぞくと、先客が五、六人いる。上半身裸が多い。それぞれヤシの葉でつくった舟形の容器を両手で抱え、立ったままだったり、木のベンチに腰を降ろしたりしている。店の方に行くと、大きな樽の傍に柄杓《ひしゃく》を持った男が一人、居酒屋の主人だ。

ジャヤシンガ君がタミル語で注文をしてくれる。各自にヤシの葉の容器が渡され、柄杓に一杯ずつトディが注がれる。薄く白く濁った液が三〇〇ccはあろうか。これが数日前からさんざん聞かされたパルミラヤシのトディである。めいめいが酒を持ち、また改めて藁屋根に入ると、中の連中全員が私たちを見てあっけにとられたような表情をする。しかし、それも一瞬、すぐ元に戻った。

さっそく酒に口をつけてみる。パルミラヤシの葉で舟形につくられた容器は非常に飲みやすい。

「これは素晴らしい！」

私は思わず声をあげた。本当に美味しい。キトゥルヤシのトディも美味しかったが、あれよりも味が濃い。味を文字で説明することは難しいが、似ている物を引合いに出すと、カルピスと日本酒を混ぜたような味だ。アルコール濃度は五〜六％であろう。それに適当な甘味と酸味が加わり，口当たりが非常に良い。酸味は大部分乳酸で、酢酸味はほとんどない。匂いも芳香の範囲に入り，悪臭めいたものはまったく感じない。日本の米《こめ》からつくった濁酒《どぶろく》には、麹《こうじ》独特の匂いが強いが、これにはそれがないので、むしろクセがないとさえ言える。自然醗酵でできたことが不思議でならなかった。

あっと言う間に一杯が飲み終わった。もっと飲みたいような気もしたが、ダルマラトナの運転のこともあるので、皆が一杯ずつで車に戻った。

「どうだった？」

とチェルワットレイさん。

「すごく美味しかった、こんなに美味しいとは思わなかった」

と私。

自動車はまたジャフナの街を目指して勢いよく走りだした。私は興奮さめやらぬ思いで、改めてトディのつくり方をたずねた。答は聞かなくてもわかっている。ヤシの花序を切って、でてくる汁液を集めるだけなのだ。なんど聞いても、花序からでてくる液を壺に溜め、それを

パルミラヤシの酒はパルミラヤシの葉でつくった容器で飲む

朝夕集めて廻るだけで、安定した酒づくりが可能とは、なかなか信じ難い。でも事実は事実なのだ。

「ただし」

とダルマラトナが強調する。

「トディづくりにはライセンスが必要だし、税金だって払うんですよ」

この人はいつも物事を商売との関係で見ていて、運転手にしておくのは惜しいようなところがある。


次の日の早朝、私たちはまたパルミラヤシの林にいった。昨日は気がつかなかったが、すべての幹からきれいに古い葉柄が除いてある。樹への登降を楽にするためだ。この種類のヤシは、古い葉が落ちても葉柄基部は幹に残るので、放置すれば無数の太い刺が幹から突きだしているようになる。チェルワットトレイさんが連絡しておいてくれたので、採液職人（トディ・マン）が一人樹の下で待っていた。私たちの姿を認めるとすぐに実演を始め、スルスルと登り、上にかかっている壺の液を腰の壺に移し、花序を切り戻して、またスルスルと降りてくる。何の足がかりもない高さが三〇メートル近くは優にある真っ直ぐな樹だ。

「この木登りには特別な工夫があるのよ、彼の足首の間を見てごらんなさい」

採液職人の両足首の間には紐《ひも》の輪がかかっていて、一定の間隔以上に足が開かないようになっている。その両足裏を樹の表面に押しつけ、両手で幹を抱え、身体を尺取虫のように屈伸して素早く登り降りする。また彼は、それよりも大きな輪になるロープをもう一本持っていて、樹冠部で仕事をする時、樹と腰に回し、両手を自由にする。それらのロープや紐の材料は、パルミラヤシの葉柄の皮だそうである。多くの工夫がしてあるが、この高い樹に、朝夕二回、登ったり降りたりするのはさぞ大変であろう。それも一本や二本ではない、少なくても二〇本とか三〇本はあるのではなかろうか。

「採液を始める季節にはいろいろな道具を使うようだし、パルミラヤシには雄株と雌株があって、それぞれ採液の仕方が違うそうだけど、私は詳しいことを知らないわ」

チェルワットトレイさんが申し訳なさそうに言う。樹から降ろしたばかりのトディを飲んでみると、昨夕飲んだのより若干アルコール濃度が低くて甘味が強い以外、まったく同じである。もうこれ以

樹冠部で採液処理をする職人

職人は尺取虫のように登る

上何も言うことはなかった。樹液を壺に半日溜めれば酒になるのである。

後日の参考にと思って、採液職人の道具を地面に並べてもらった。ナイフが一丁、それを入れるベルトつきのケース、ヤシ葉製の漏斗《ろーと》、足首用の輪、それに壺が二個である。写真を撮っているうちに、使い込んだ壺が欲しくなった。売ってくれと頼むと、ただのような値段で譲ってくれた。壺は一年近くも豊潤な香を放ち続け、その後は日本に持ち帰り、今もなお拙宅のガラス戸棚に飾られている。

ジャフナにいる間、パルミラヤシの有用性について、私は実に多くのことをチェルワットレイさんから学んだ。花序からとれる樹液が、糖や酒の材料となることは言うまでもなく、果実、葉、葉柄、幹、根、あらゆる部分が、人々の衣食住にさまざまな用途を持つ。捨てるところなど皆無だ。このヤシが資源の乏しいジャフナの人々の生活を支えてきたことは、八〇一通りの用途を謳《うた》ったタミルの詩が存在することからもうかがえる。なかでも印象的であったのは、固くてとても人間の食用とはならない種子を地中に埋め、発芽して生ずる一種のモヤシ（専門用語で鱗片葉という）を掘りだして食べる話であった。この部分はオディヤルと呼ばれ、澱粉質に富み、そのまま食用にしたり、乾燥して粉に挽《ひ》き、穀物粉の代用とするのだが、決して美味しいものではない。パ

パルミラヤシの採液道具

ルミラヤシを徹底的に利用しなければならなかったタミル人の執念のようなものさえ感ずる。この島国の中央から北部にかけて広がる豊かな水田稲作地帯をめぐって、シンハラ人との長い歴史的な争奪戦が続いたのも、案外このようなところに根があるのかもしれない。

ココヤシの酒

こうして私は、二カ月足らずの間に、この国のおもなヤシ酒三種類のうち二種類を味わい、あと残すのはココヤシのトディだけとなった。この国のヤシ酒で最大の生産量を誇る（?）ココヤン・トディの賞味が遅れたのは、海抜約二〇〇〇メートルの任地ヌワラエリヤがココヤシの栽培と無縁であり、主産地の西南海岸まで往復だけでも丸一日を要するほど離れていたからである。西南海岸にはジャフナと違って私の仕事と直接関係する対象がなかった。しかし、同じ西南海岸にある首都のコロンボには、荷物の受領や諸手続などのためにときどきゆかなければならない。私は、その機会を待った。

ジャフナ旅行から帰って一〇日ほどすると、待っていた機会がきた。日本を出る時に注文した自動車が届いたので、コロンボで受け取るようにとの連絡が入ったのである。ヌワラエリヤからコロンボにいって用足しをするためには、キャンディかコロンボで少なくとも一泊、余裕をみれば二泊はしなければならない。コロンボで泊まれば、早朝にココヤシ栽培地を訪れて、トディ採取を見ることも可能である。

コロンボに届いたという自動車について少し説明しておこう。私のスリランカ勤務には、日本の農林省所属の公用車が一台割り当てられていた。しかし、日本から運ばれて一〇年ほども経つライトバンで、傷みが激しく、いささか信頼性に欠ける代物であった。予算の都合で私の任期中の更新は望めない。それなら、自費で車を持っていった方が良かろうということになった。何となく筋違いのような感じもしたが、安全のためとあれば背に腹はかえられない。二年後の帰国に際しては、スリランカ政府が一五％引きの価格で買い取り、外貨で支払ってくれるということもあったので、思い切って新車を一台注文してきた。

ヤシ殻繊維を満載したトラック

自動車を免税扱いで輸入する手続きを日本大使館で済ませ、書類を持って日産自動車の代理店にいくと、私の新車はすでに整備が完了し、受け取るばかりになっていた。これでしばらく車の故障を心配せずに行動できる有難味は大きい。その夜は設備の良いコロンボのホテルに泊まり、久しぶりにくつろいだ気持ちで羽根をのばせた。

翌朝、新車はダルマラトナの運転で海岸沿いの国道二号を南に向けて走った。市街地を抜けると、ヤシ殻繊維が山のように積まれたトラックと何台も何台もすれちがう。どこでつくられ、どこに運ばれてゆくのであろうか。

その繊維で縄をなっている風景が面白い。道路沿いの民家で、庭先に古自転車のホイールを使った機械を据え、一家総出で働いている。

路傍の小店で飲用のココナッツ（ココヤシの果実）を売っているのが目に入った。肌が橙色のキング・ココナッツと呼ばれる飲用品種である。飲んでみることにする。女性の店番が、巧みに鉈《なた》のような包丁を使って飲み口をつくり、ストローを添えてくれた。薄い甘味の結構な飲物ではあるが、一種独特の匂いがあるので、好まない日本人もいるであろう。それともう一つ、ヤシ酒の原料として、この果水が使われない理由も納得できた。おそらく糖分の濃度は五％以下であろう。よく誤解されるのだが、ヤシ酒がヤシの果実からつくられることは決してない。果水の糖濃度が低すぎる。酒の原料には少なくとも十数％の糖分が必要だ。

飲み終えて中身が食べられるかと聞くと、ただちに殻を真二つに割り、殻の一部でたちまちスプーンをつくる。手馴れたものである。薄い脂肪層はゼリー状で、果水よりもむしろクセがない。

ココヤシの果実は、成熟すると人の頭くらいの大きさになる。外側に厚さ二～三センチの荒い繊維層があり、その中にソフト・ボールくらいの固い球形の核がある。これが種子で、厚さ二～三ミリの殻の内壁には胚乳層（脂肪層）があり、さらにその内部には胚乳液（果水）が入っている。果実が若いときは、胚乳層は薄く、相対的に胚乳液が多いが、成熟するに従って胚乳層は厚くなる。果実の外側の繊維はコヤ coir と呼ばれて縄などの原料となる。胚乳層は重要な食材であるとともに、乾燥したものは油の原料となるコプラ copra だ。若い果実の胚乳液は飲用になる。

しばらく走ると、右手の海岸側にココヤシ林が続くようになった。見上げると、樹から樹に太い

ココヤシの採液職人

職人は樹から樹へ綱渡りをする

ロープが張り巡らされている。いよいよトディ採取の現場である。樹上に採液職人の姿が見えたので、車を止めてしばらく見ることにする。一本の樹の処理に数分とかからない。一本の樹に壺が一個のこともあるし、二～三個のこともある。樹上の壺に溜まったトディを腰の瓢簞《ひょうたん》に移し、花序を切り戻し、また壺をかけるという作業を続けている。槌のような物で花序を叩くこともある。目をこらして作業内容を観察しようと思うのだが、何せ高さが二〇メートル以上あるし、肝心のところは葉の陰になったりしてよくわからない。

　採液職人は、一本の樹の作業が終わると、樹と樹の間に張ってあるロープを伝わって次の樹に移動する。ロープは六〇～七〇センチの間隔で、上下の二筋があり、両筋とも複数のロープで成り立つ。移動に際しては、下の筋のロープに足を乗せ、上の筋のロープに手で掴まるのだが、サーカスそこのけである。腰の瓢箪がトディで一杯になると縄で降ろし、下にいる男が受け取って桶に空ける。樹上の職人は、一連の樹で作業が終わるまで降りない。樹の登降は馴れていても負担が大きいのであろう。登り降りする樹には、ヤシ殻でつくったステップが縛りつけてある。

やがて、樹上の職人が降りてきて、下にいた男といっしょに桶のトディを樽に移し始めた。樹の上の仕事が終わったらしい。樽は横腹に直径約三センチの孔が開けてあり、高さ約一メートルの簡単な台の上に横置きになっている。孔の上に漏斗を置き、汚い布で漉《こ》しながらトディを流し込む。これは後でわかったことであるが、樽を置いてある台は牛車の高さと同じで、樽を楽に牛車に積むことができるようになっている。

そばに寄ってゆき、桶の中をのぞいて驚いた。白い泡が大きく盛り上がっていて、そこに黒い小

幹にあるヤシ殻ステップ

集めたヤシ酒は漉して樽に入れる

さな点々が無数に散らばっている。それはすべてショウジョウバエの死骸であった。ショウジョウバエより少し大きい甲虫の類もたくさん浮いている。

あまり長い時間熱心に見物していたので彼らも気になったのか、飲んでみないかという仕草をする。運転手のダルマラトナも奨めるのだが、この虫の死骸には辟易《へきえき》した。しかし何事も経験だと思い直してうなずく。一人が、桶のトディの表面から泡や虫を吹き分けて、ヤシ殻の椀に一杯酌んでくれた。

新しいので甘みが比較的強く、酸味も少ない。決して不味くはないのだが、見たくなくても見えてしまう虫の死骸が心理的に影響しているのか、これまでに飲んだキトゥルヤシやパルミラヤシのトディに較べると、風味の劣ることは否定できない。それに、これまでに飲んだトディにはなかった臭気がかすかにする。硫化水素と酪酸が混じったような匂いで、一種の不快臭だ。何がしかの礼金を置いて、その場を離れた。

国道に戻り、さらに南へ走って、結局、コロンボから

桶の酒には大量のハエが泡と一緒に浮いている

南に約六〇キロメートル離れたベルワラまでいった。トディを蒸留してアラックにする工場がある。おそらく近隣のココヤシ園と契約しているのであろう、トディの樽を一個ずつ積んだ牛車が続々と集まってくる。たまに大小二個の樽を積んだ牛車もある。御者《ぎよしや》は一様に一人。誰一人いらだつ気配もなく、のんびりと順番を待っている。

樽に入れたヤシ酒は牛車で蒸留工場へ運ぶ

その雰囲気は、日本の酒づくりから連想されるような緊迫感とはほど遠く、はなはだ牧歌的であった。このようにして生産されるアラックに、私は奇妙な親しみを抱いたのである。スリランカの懐かしい思い出として、いつまでも記憶に残る風景であった。

目的を達して、私たちはベルワラからコロンボへ引き返すことにした。ベルワラを離れて間もなく、ダルマラトナが耳よりなことを言う。

「キャンディの酒屋に瓶詰のココヤシ・トディを売っていますよ」

「エッ　本当かい！　それなら試しに飲んでみたいね」

キャンディは、任地のヌワラエリヤへ戻る通り道にある。

次の日、コロンボで預けておいた公用車を受け取った。車が二台になったので、私も運転しなければならない。ダ

瓶詰のココヤシ酒（トディ）

ルマラトナの運転する公用車を前にゆかせ、トディを売っている酒屋の前で止まるように指示して、コロンボを離れた。キャンディの街に入るとすぐ、ダルマラトナが酒屋の前で車を止め、私はそこで瓶詰トディを二本買った。一本がほぼ一〇円、持ち帰ると言うと、ほかに瓶代として一本当たり約一五円の請求。瓶を持ってくれれば瓶代は返してくれるそうである。

ビール瓶くらいの大きさで、透明ガラスだ。ちゃんと王冠で栓がしてあるところを見ると、火入れ殺菌をしてあるらしい。中味は白濁した液体で、白い沈殿物が多量にあり、振ってから飲めとラベルに書いてある。二本のうちの一本はダルマラトナにやり、もう一本を私はキャンディの宿で飲んだ。栓を開けたとたん、酪酸と硫化水素の混じった強烈な匂いがする。それは、ベルワラの近くで飲んだココヤシ・トディとは比較にならないくらい強い。口に含むと、甘みがほとんどなく、その分だけアルコールや酢酸の濃度が上がっているように感じられる。決して美味しいものではない。悪臭は、新鮮なトディをただちに瓶詰にすることが技術的に困難であるうえ、加熱処理による影響もあるのであろう。しかし、非常に安価であるということで、街に住む庶民にとって格好の飲み物になっていることは間違いない。保存期間は約六カ月とのことであった。

こうして、スリランカに勤務して二ヶ月も経たない間に、私は三種類のヤシ酒を味わうことができた。ヤシの樹の花序を切って、滴下する樹液を集めておけば、自然にできる酒。樹から降ろしたばかりの、その酒の味は素晴らしく美味しい。私は、もっと、この酒のことを知りたいと思った。本来の仕事の内容も、勤務地も、ヤシ酒と直接の関係はない。しかし、せっかくの機会だ、ヤシ酒について、可能な限り調べてみることにした。幸いなことに、カウンター・パートのチェルワットレイさんも面白がり、文献などの情報収集を助けてくれると言う。

プレオナンシックとハパクサンシック

ヤシ類は、開花・結実に関してプレオナンシック pleonanthic とハパクサンシック hapaxanthic の二つに分けられる。

プレオナンシックは多回結実性または多巡結実性の意味で、寿命のある限り栄養生長を続けながら何度でも開花・結実を繰り返すヤシを指し、ハパクサンシックは一回結実性または一巡結実性の意味で、ある時期がくると栄養生長が止まって開花・結実し、それが終わると枯死するヤシを指す。双方とも、元来はヤシ類だけの言葉ではないが、なぜか他の植物ではあまり用いない。ヤシの専門書によく出てくる術語として、チェルワットレイさんが教えてくれた。ちなみに、一般の植物では、前者がポリカーピック polycarpic、後者がモノカーピック monocarpic である。

プレオナンシックを代表するヤシはココヤシである。その樹冠部には約三〇枚の成葉（成熟した葉）があり、ほぼ一カ月に一枚の割で新しい葉を展開しながら幹が伸長し続け、同時に各葉腋に次々と花序を生じて開花・結実する。その生長とか開花・結実に要するエネルギーや物質は、ほと

ココヤシは大きく広げた羽状葉が日光を効率よく受ける

んどすべて日々の光合成で賄《まかな》われる。したがって、花序から流出する樹液中の糖分もまた、葉の光合成産物が直接関与することになる。

ある測定によると、ココヤシの葉一平方メートル当たり一日の乾物生産量は一・五グラムである（佐藤孝著『ココヤシ』一九八三年）。この値を基にして計算すると、表面積七〜八平方メートルの成葉三〇枚を持つ樹一本の一日当たりの乾物量生産は三一五〜三六〇グラムとなり、この乾物を糖と考えて一五％の糖液に換算すると二・一〜二・四リットルである。一日一リットルの樹液採取は、ヤシの同化生産量のほぼ半分を収奪してしまうことになる。

ハパクサンシックを代表するヤシには、その大きな掌状葉が、かつて、スリランカやインドで傘になったり、経典の筆記材に利用されたことで有名なタリポットヤシ *Corypha umbraculifera* がある。このヤシは、四〇〜六〇年もの間ひたすら栄養生長を続け、樹高三〇メートルにも達するが、その間に太い幹の中心部にある柔細胞に多量の澱粉を蓄える。やがて、幹の先端に高さが三〜六メートルもある巨大な円錐形をした花序を一本出し、径二〜三センチのおそらく数千個にもおよぶ果実を一生に一回だけ生じた後に樹は枯死する。その結実に要する栄養源は、ほとんどすべて栄養生長期に蓄えた幹中の貯蔵物質である。と言うのは、開花期になると数枚の小形葉が見る影もない姿で残っているに過ぎないからである。タリポットヤシは、花芽の形成前に伐り倒せば幹から多量の澱粉がとれ、伸びてきた花序を切れば高濃度の蔗糖を含む樹液がこれまた大量に得られる。インドネシアなどに多いサゴヤシは、このタイプに属する。

キトゥルヤシやサトウヤシもハパクサンシックである。これらのヤシの開花・結実は一回だけではないが、一〇～一五年間の栄養生長期の後、いったん生殖生長期に入ると栄養生長をまったくせず、花序形成が最上位の葉腋から始まり、下位の葉腋へと進む。開花・結実に要する栄養源の大部分は、栄養生長期に蓄えた幹の柔細胞中の澱粉だ。キトゥルヤシの場合、花序一本から一日にとれる樹液の量は二～一〇リットル、特に多い例では二〇リットル以上に及ぶ。貯蔵澱粉が溶けて蔗糖

若いタリポットヤシ
（スリランカ・ペラデニヤ植物園）

成熟して開花したタリポットヤシ
（スリランカ・ペラデニヤ植物園）

になり、花序に送り込まれるのである。

しかし、花序に転流する蔗糖の供給源がすべて貯蔵澱粉かというと、そうでもなさそうである。十分に生育したキトゥルヤシの幹からは、一〇〇～一五〇キログラムの澱粉がとれるという。これが全部蔗糖になり、花序に送り込まれたとして、とれる樹液の量を計算してみよう。澱粉が蔗糖に変わるのは一種の加水分解なので、目方がおよそ六％増える。したがって、前記の澱粉は一〇六～一五九キログラムの蔗糖になり、その蔗糖を一五％（重量／容量）含む樹液の量は大体七〇七～一〇六〇リットルとなる。この液を一日一〇リットルずつとったとすると、採液できる日数はおよそ七一～一〇六日である。幹から澱粉を採取する技術の非効率性などを考慮しても、この日数は実状に較べて少な過ぎる。やはりキトゥルヤシでは、貯蔵澱粉とともに日々の光合成による澱粉も花序へ転流していると見るのが妥当である。

パルミラヤシはプレオナンシックであるが、幹の髄に若干の澱粉を蓄えている。この澱粉が花序に転流するか否か明らかではないが、パルミラヤシの花序形成には季節性があることから、その季節以外の時期に蓄えた澱粉が開花・結実に利用されることは、十分にあり得る。

植物の導管と篩管

ヤシ糖やヤシ酒の原料となるヤシの樹液は、いったい導管《どうかん》液なのであろうか、それとも篩管《しかん》液なのであろうか。スリランカ勤務の間、多くの人々とヤシ酒について話し合ったが、農業関係の植物に詳しいはずの人でさえも、意外と、この質問に対して明確に答えられるとは限らなかった。

ヤシの体内における水分や各種物質のおもな通路は維管束と呼ばれる組織系である。したがって、樹液が傷口から流出したり止まったりする謎は、ヤシの維管束について考えることになる。維管束は、シダ植物と種子植物の茎・葉・根などの各器官を貫いて分化した条束状の組織系であるが、植物の種類によって構成要素などに若干の違いがある。そこで以下の説明では、話を簡単にするため対象を被子植物に限定する。ちなみに、ヤシは被子植物の単子葉植物に属する。

維管束には木部と篩部があり、木部には導管の束、篩部には篩管の束が通っている。導管も篩管も細長い細胞が連なった管状構造であるが、導管の細胞が死んでいるのに篩管の細胞は生きているなど構成面で大きな差があり、それぞれの役割もまったく違う。導管は植物が主として根から吸収した水や無機養分の通路となり、篩管は主として葉の光合成でつくられた糖などの通路になっている。植物の維管束を動物（脊椎動物）の血管系になぞらえて、篩管を動脈、導管を静脈に例える場合もあるが、維管束と血管では似て非なる点も多い。

その非なる点の一つが、植物には動物のような心臓がないのに、高い樹冠の葉のすみずみにまで水がゆきわたり、その葉で合成された物質が根や茎の生長点、果実などに滞りなく運ばれることである。その原理の説明については何冊かの植物生理学の本を参考にさせてもらったが、以下の記述の大部分は、ボナー、ゴールストン共著『植物の生理』（高宮篤・小倉安之訳、一九五五、岩波書店）からの引用である。かなり古い本であるが、導管や篩管のなかの物質転流の説明として最もわかりやすく、現在の植物生理学でも、その基本的な考え方に違いはない。

導管流の原理

導管を構成する各細胞は、細胞質や核が若い時期になくなり、側壁内面が肥厚して木化し、縦方向に相接する細胞壁が消失して、互いに連絡した管になっている。つまり、完成した導管細胞は死んだ細胞である。植物が根から吸収した水や、それに溶けている主として無機物質は、導管を通って上昇し、導管内部は輸送水液のみで満たされている。蒸散によって葉肉細胞から失われた水は、この導管内の水分で補われる。

この多量の水がどうして重力に抗して上昇してゆくかという問題は、アイルランドの植物生理学者H・H・ディクソンが一九一四年に提唱した蒸散凝集力説と呼ばれる学説で解決したとされる。原理は次の通りである。

蒸散によって葉から空気中へ水が放出されるにつれて葉肉細胞の浸透圧が高くなって吸水力が増し、そのために葉の導管から葉肉細胞の方へ水が吸い込まれる。導管内の水は葉から根までずっと一続きの水柱となっているので、その上の方が葉肉細胞の吸水力で引張られると、その力は水柱の下の方まで及んでゆく。

水の凝集力は十分に大で、上からの吸引力で水柱が途中から切れるというようなことはなく、水柱が全体として上へ引張り上げられる。その結果、水柱の下端では根の細胞から水が引き出され、水を失って吸水力を増した根はその力で外から水を吸収するのである。これによると、植物体を水が上昇するのは蒸散作用の結果で、そのエネルギーは究極的には太陽から与えられるものであり、植物の茎または幹は、それに対して何ら積極的な力を加えるのではなく、ただその木部が張力のかかった水の柱の上昇する通路を提供しているに過ぎない。

この蒸散凝集力説を支持する種々の証拠があげられている。蒸散が盛んに行われているときは、木部の細胞は一気圧よりはるかに大きい張力（陰圧）を受けているはずで、実際に木の幹や木部細胞の直径が縮んでいるのが観察される。また、水が細い水柱として連なり、途中に気泡やその他の邪魔ものがない場合、強い張力にも十分耐えられるだけの凝集力を持っていることも実験的に証明されている。大気圧によって上昇し得る水の高さは最大約一〇メートルに過ぎないが、植物体ではそれよりもはるかに高い所まで水が昇る。世界で一番高い樹はアメリカ西海岸のレッドウッド国立公園に生えているセコイア（コースト・レッドウッドと呼ばれている）で、樹高一一一・二五メートルに達する個体がある。水は、この三五階の建物に相当する高さまで、自らの凝集力によって運ばれている。

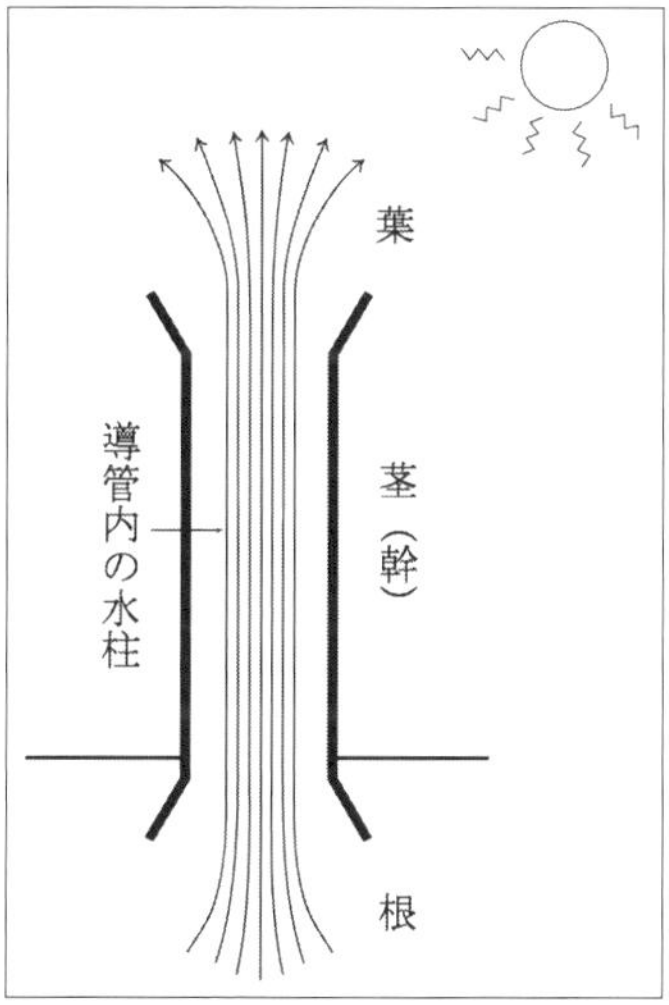

導管流の模式図

ところで、この説によると、蒸散作用が止まれば水の上昇も止まることになるが、ある特殊な条件の下では蒸散がほとんどあるいはまったく停止しているにもかかわらず、植物体内で水が上昇する場合がある。そのような場合には、根の作用によって水が下から積極的に押し上げられるのである。事実、水が十分に供給されている健康な植物の幹を地面からわずか上のところで切ると、その切株から液が滲みでてくることがしばしばある。この現象を泌液《ひつえき》現象といい、その原因となる根の圧力を根圧という。化粧水に使われるヘチマ水の場合がこれに当たる。しかし、いずれにしても、正常な状態の導管流において、根圧の影響は、盛んな蒸散作用によるものに較べれば、はるかに小さい。

篩管流の原理

篩管は、導管が死んだ細胞であるのと違って生きた細胞である。薄膜の細胞壁はおもにセルロースからなる。全体的に細長い形をしていて、同一の母細胞の縦分裂によってできた伴細胞が付属する。未成熟の篩管細胞では液胞が明瞭に認められ、核や原形質は側壁に薄い膜層となって位置するが、成熟細胞になると核は一般に消失し、液胞が不明瞭となり原形質との境がなくなる。また篩管細胞が互いに隣接する隔壁や側壁には多くの篩板《しばん》（篩《ふるい》のような構造の膜、篩管という呼び名の由来）があり、篩板には多数の直径〇・五〜五ミクロンの篩孔がある。篩孔を通って相連なる篩管細胞の原形質が互いに連絡している。その連絡部を原形質糸と呼ぶ。細い原形質糸は伴細胞との間にもある。原形質糸連絡で機能的に連絡している細胞群をシンプラストという。

導管が根から吸収された水の主通路であるのに対し、篩管は光合成によってつくられた蔗糖などの通路である。植物のすべての組織は緑葉から光合成によってつくられた糖その他の物質を供給されなければならないし、場合によっては塊茎などの貯蔵器官から栄養分を移動させる必要もある。一般に、根から上昇する導管液には、ごく希薄な塩類などが溶解しているに過ぎないが、篩管液の溶質濃度はかなり高い。篩管は葉脈の先端、また芽の先、根の端の生長点から数分の一ミリの端々にまで達している。このような構造のゆえに、全植物体のどの部分の間にでも篩管による物質の転流が行われる。

篩管転流のメカニズムについては、一九三〇年ドイツの植物生理学者エルンスト・ミュンヒによって考えられた圧流説が最も有力である。圧流説によれば、植物体内で糖などの物質を送りだす供給器官（ソース）側の篩管細胞とそれを受けとる受容器官（シンク）側の篩管細胞との間には膨圧差があり、その圧力差を原動力として篩管内に流れが起こり、その流れに乗って糖などの溶質が動く。原理は次の通りである。

二個の半透膜製の容器を用意し、一方の容器（A）には浸透圧の高い

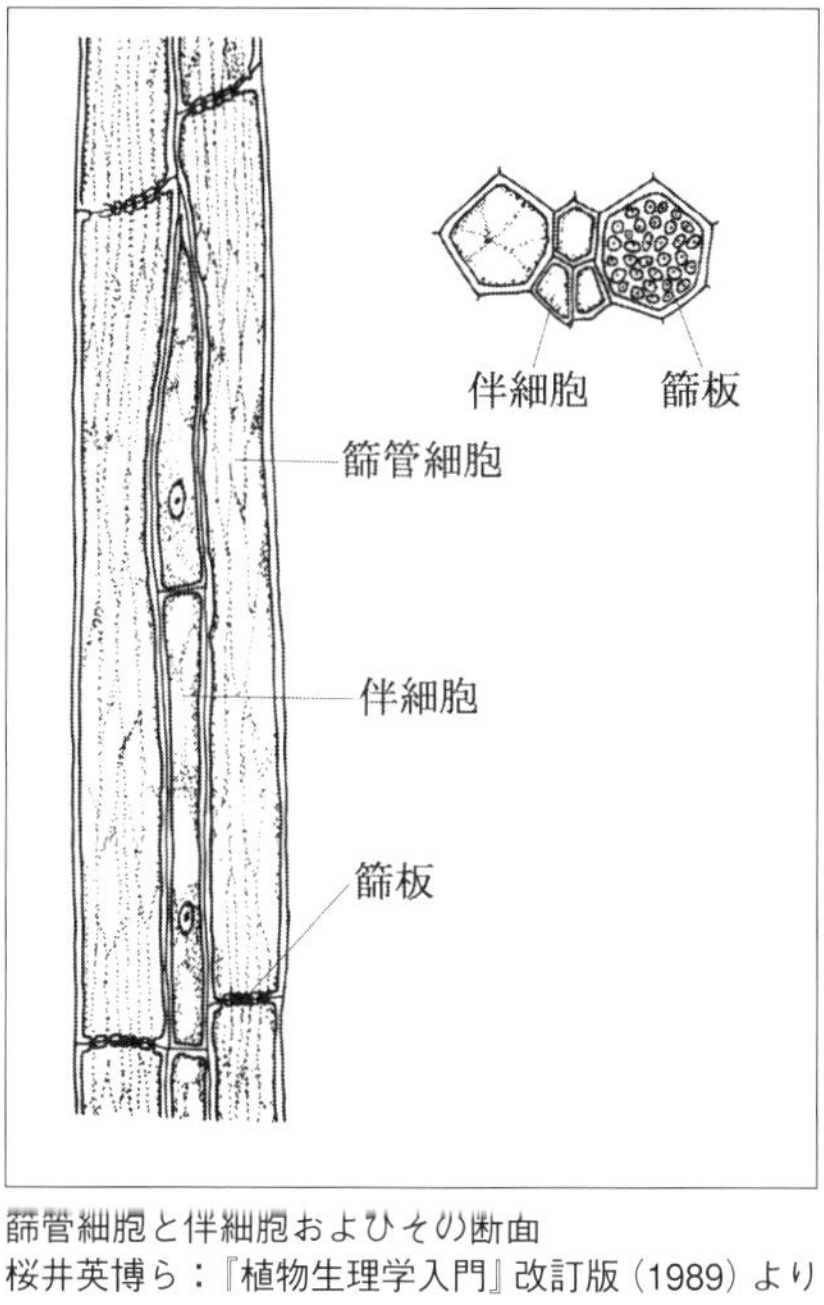

篩管細胞と伴細胞およびその断面
桜井英博ら：『植物生理学入門』改訂版（1989）より

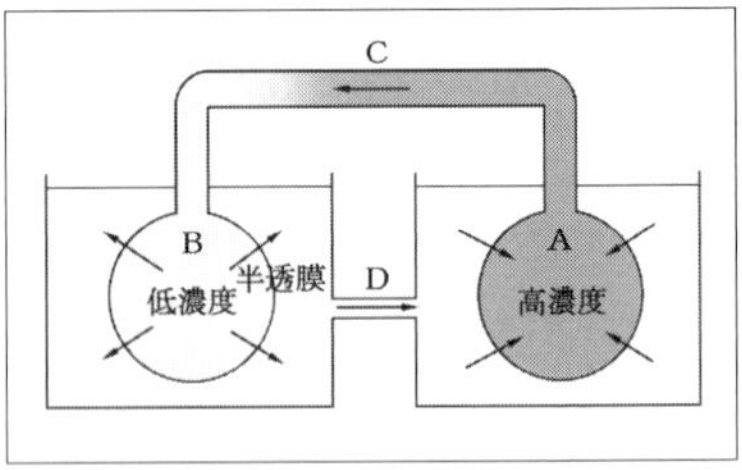

圧流説の原理

溶液、他方の容器（B）には浸透圧の低い溶液を入れ、ともに水槽に漬けたとする。当然、容器（A）と容器（B）の内圧には差があるから、二個の容器を管（C）でつなげば、AからBに向かって溶液の流動が起こる。さらに双方の水槽を管（D）でつないでおけば、同じ分量だけの水の還流が起こる。すなわち、水は第一の水槽から高濃度の容器（A）に入り、低濃度の容器（B）へゆき、第二の水槽に出て、再び第一の水槽へ戻ることになる。実際にこのような模型をつくると、連絡管（C）を通って溶液の流動が見られ、二個の容器（A及びB）の間の浸透圧差がなくなるまで続く。この際、もしなんらかの方法で容器（A）に絶えず溶質を足してやり、反対に容器（B）から絶えず溶質を除去してやるとすると、管（C）の中の圧流は無限に続くはずである。

これを植物の篩管転流に当てはめると、高濃度の容器（A）が供給器官側の篩管細胞、低濃度の容器（B）が受容器官側の篩管細胞になる。転流が継続されるためには、供給器官側と受容器官側の間に浸透圧の差が確保されている必要があるが、供給器官では光合成その他で転流物質が生産され、受容器官では呼吸、生長、あるいは貯蔵のための変化などによって転流物質が消費されるので、浸透圧の差が保たれる。

以上、いささか古典的とも言える篩管の圧流説について述べたが、比較的遠距離間の物質転流を説明するのには、実際の現象ともよく合致し、特に不合理な点は見当たらない。しかし、重要な盲点が一つある。それは、篩管と供給器官や受容器官の関係があいまいな点である。圧流説がとなえられた当時は分かっていなかったのであるが、篩管細胞と供給器官や受容器官の細胞とは直接の連絡がない。つまり、原形質糸連絡などの連絡がないのだ。

そこで、例えば光合成の行われる葉では、蔗糖は葉肉細胞からいったん細胞外へ放出される。この細胞外の空間をアポプラストと呼ぶ。アポプラストに出た蔗糖を篩管細胞や伴細胞があらためて取り込む（積み込みloading）。しかも、このとき蔗糖は非常に大きな濃度勾配に逆らって移動し、篩管内の蔗糖濃度は二〇％以上にも達することがある。これは、篩管細胞や伴細胞の能動的な作用によるもので、エネルギー消費（言い換えれば、アデノシン三燐酸ＡＴＰの分解）が見られる。

受容器官で篩管から蔗糖が放出される場合（積み降ろしunloading）も同様であるが、貯蔵澱粉として蔗糖が大量に使われたり、生長のため栄養が急速に消費されれば、受容器官の蔗糖濃度は大幅に低下する。ただし、果実などに高濃度の糖が蓄積されるときには、糖は再び濃度勾配に逆らって移動しなければならない。

また、圧流説では、篩管を単純な管として扱っているが、篩

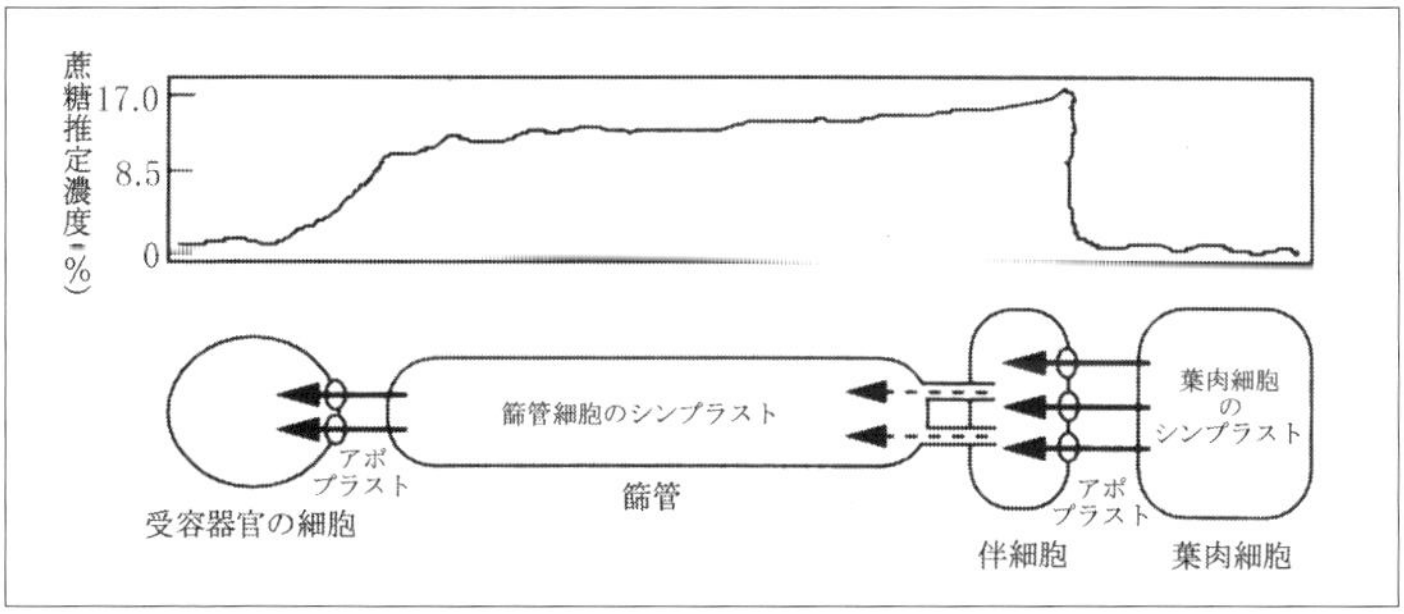

蔗糖の篩管による転流
横田明穂編：『植物分子生理学入門』（1999）より改変

管に傷がつくなど異常事態に、篩管細胞は速やかに反応し、篩管を閉塞するなど自己防御作用を発揮する。このことを含め、篩管流の仕組みについては、第四章で再び考察する。

甘い樹液は篩管液

以上大雑把に植物の導管流と篩管流について述べたが、多くの点からヤシの花序を切って流れでる樹液が篩管液を主体としていることは容易に推察できる。第一に、その高い蔗糖濃度は篩管液にのみ当てはまり、導管液ということはありえない。ふつう、篩管に傷をつけると篩管流はただちに停止してしまうので、篩管液を純粋な状態でとりだすことは非常に難しい。しかし、それを克服する実に奇抜な方法がある。ケネディとミットラーが一九五三年に初めて報告した手法で、アブラムシやウンカなどの昆虫が植物を吸汁中、その篩管に挿し込まれている口針を切り、マイクロ・ピペット代わりにするのである。かつては口針をハサミやカミソリ刃で切っていたが、最近はレーザーで灼き切るようになった。奇妙なことに、昆虫が篩管に口針を挿し込んでも植物は特に拒絶反応を示さない。イネの篩管液をトビイロウンカの口針で採取した結果によると、蔗糖を一七・七～二二・五％含み、それが主成分となっている（茅野ら、一九八八年、化学と生物二六巻五号）。この値はヤシ樹液の分析結果にきわめて近い。

花序には、これから花が咲き、果実がなるのであるから、多量の栄養分が送り込まれる。それがすべて篩管を通り、しかもその大部分が蔗糖の形になっていることは、植物生理学の基本原理が教えるところである。ココヤシは幹先端部の柔らかい部分からも樹液を採取できるが、花序が生育している場合には、幹からの採液が不可能といわれる。花序と幹の生長点の篩管流に対する競合の結果であろう。

ヤシ樹液の醗酵

「ヤシの花序を切り、滴下する樹液を壺に受け、それを朝夕樹上から降ろしさえすれば、いつも酒になっている」ということは、ヤシ酒のことを知った当初、私にとって実に不思議なことであった。酒づくりと言えば、まず頭に浮かぶのは日本酒とかビールの醸造である。いずれも、熟練した技術者が、整った設備の下で、細心の注意を払い、それなりに時間をかけてつくる。それが、ヤシ酒の場合、手をかけるのは朝夕二回樹に登って花序を切り戻すだけ、あとは壺をかけておけばよいとは、あまりにも大きな違いであった。

しかし、酒づくりについて少し詳しく調べると、これはしごくあたりまえのことであって、不思議でも何でもなかった。

酒は言うまでもなくエタノール（エチル・アルコール）を主成分とする嗜好飲料である。人類が古来酒の原料としたのは、馬乳酒などごく一部の例外を除くと、ほとんどが植物由来の糖や澱粉だ。つまり酒づくりとは、主として植物由来の原料に含まれる糖あるいは澱粉をエタノールに変えることである。だが、この二つのエタノール原料のうち、糖が直接エタノールに変わるのに対し、澱粉

$$C_6H_{12}O_6 \rightarrow 2C_2H_5OH + 2CO_2$$

糖180g　エタノール92g　二酸化炭素88g

はまず糖にしてからエタノールに変えなければならない。したがって、澱粉の場合、酒づくりの工程は二段階となる。

澱粉は穀物の主成分である。人類は古くから米や大麦などの穀物を使って酒をつくっていた。澱粉を糖に変える方法、つまり糖化法には、唾液の酵素を利用する口噛み法、麦芽などの酵素を利用する穀芽法、麹《こうじ》菌などを利用する微生物法などいろいろとある。しかし、いずれもそれほど簡単ではない。人類は、そのことで太古の昔から苦労してきたので、各民族の酒づくりにおける澱粉糖化の手法は、文化人類学の格好の研究課題となっている。糖になってしまえば、エタノールへの変化は比較的簡単である。

糖は、酵母（イースト）と呼ばれる微生物の作用によって、エタノールに変わる。糖を含む溶液に酵母が繁殖すると、糖はエタノールと二酸化炭素（炭酸ガス）に分解する。これがいわゆるアルコール醗酵だ。「酵母」は「醗酵のもと」を意味し、エタノール醗酵能の強い種類が多く、酒の醸造、製パンなどに利用される。最近は、それぞれの用途に適した酵母が選抜され、純粋な形で培養されているが、がんらい野生の酵母が自然界に広く分布し、果実の表面、樹液、花の蜜腺、土壌、空中、昆虫の体内などに普遍的に存在する。ちなみに、酵母はカビなどと同じ仲間の真菌類である。

ヤシの樹液は糖を含んでいるので、その樹液中に酵母が他の微生物を抑えて繁殖すれば、ヤシ酒が得られる。もともと、酒の醸造は、微生物に関して開放条件で行われてきた。開放条件というのは、微生物の出入りが自由ということで、酒の原料となる糖液に酵母が飛び込むかもしれないが、他の多くの微生物も同様に入ってくることを意味している。酒の原料には、糖ばかりではなく各種の栄養物質をたっぷり含むから、酵母以外のいわゆる雑菌が繁殖する可能性も十分にある。もしもそうなれば、それはすなわち腐敗現象である。とても酒になるどころではなく、捨てるしかない。

だが実際には多くの場合、酵母が優勢に繁殖し、酒ができる。なぜそうなるのか、不思議としか言いようがない。かなり結果論的になるのであるが、そこには実に巧妙な自然の因果関係が働いていて、酒の存在そのものが神の摂理ではないかと思わせるほどである。だがここに、わざわざ「多くの場合」とただし書きをつけたのは、ときとして神様にそっぽを向かれ、「失敗することがなきにしもあらず」だからである。それを補うのが人間の知恵だ。

酵母にとっては好適であるが、他の多くの微生物にとって不適当な条件とは、高い糖濃度と酸性である。十数％以上も糖分があると、増殖する微生物には限りがあり、さらに酸性条件では、増殖できる微生物はいっそう少なくなる。その少数の微生物の主要部分に酵母類がある。例えば、醸造用ブドウの果汁は約二〇％の糖を含み（日本のブドウ果汁は糖濃度が一六％ぐらいしかないので加糖する）、酒石酸やリンゴ酸によってpHが三・〇〜三・九の酸性なので、果実を潰して搾り、果汁を醗酵槽に貯えさえすれば、自然に混入した野生酵母によって、ほとんど必然的にエタノール醗酵を起こす。ブドウ酒の自然醗酵には数種の酵母が関与するが、主醗酵酵母は *Saccharomyces cerevisiae* var. *ellipsoideus* である。今でこそ効率的な醗酵を確実に行わせるために、あらかじめ野生酵母から選抜培養しておいた優秀な酵母を加えるが、自然醗酵によってつくるのがブドウ酒ほんらいの姿だ。

ヤシ酒の場合、流出したばかりのヤシの樹液は有機酸類を含まず、中性よりもむしろかすかにアルカリ性である。しかし、ただちにpHが酸性側に傾き、二〇時間もすれば約三・五に下がる。これは、乳酸菌が急速に増殖して乳酸を生産するからだ。乳酸菌も自然界に広く分布する微生物群で、酵母と同じように高濃度の糖に耐えて増殖する。また、ヤシ酒の生産環境には、ヤシ樹液に好んで増殖する種類が多い可能性もある。酸性になれば、ヤシ樹液もブドウの果汁と同じで、その条件に適する酵母類が優先増殖し、エタノールを生産する。面白いことに、乳酸の濃度が上がるに従って乳酸菌の増殖速度は鈍り、酵母の増殖が盛んになるころには、乳酸菌の増殖はほとんど停まる。蛇足であるが、乳酸菌は酵母と違って細菌類（バクテリア）に属し、好条件における増殖は酵母よりはるかに速い。そしてさらに、熱帯の高温条件により、ヤシ酒における酵母の増殖は、ブドウ酒やビール、日本酒などにおけるよりも速いから、まる一日もすれば、樹液は結構な酒になるのだ。

このように、糖液中でまず乳酸菌が増殖して乳酸を生産し、次いで酵母が選択的に優勢となってエタノールを生産する現象は、「乳酸・エタノール醗酵」と呼ばれ、小規模には自然界でごくふつうに起こっている現象である。ナラやクヌギの樹液とか熟した果物などが芳香を放ち、虫を呼び寄せているのは、その結果にほかならない。しかし、人間が嗜好飲料として利用するだけの量を安定して得るためには、それはそれなりの条件を整えなければならない。

ヤシ酒では、それがはなはだ簡単である。花序を切って滴り落ちる樹液を、清潔な器で受ければよい。「清潔な」ということは、特に異物が入っていないていどのことで、ふつうはよく洗って乾かしてあれば十分である。それで半日〜一日経てば、「乳酸・エタノール醗酵」が起こり、樹液は酒になる。しかし、ときとして失敗することもある。それは大部分、適当な乳酸菌や酵母の増殖が遅れることに起因する。そこで、新しく採液を開始するのなら、良好に醗酵している新鮮なヤシ酒をスターターとする。また、すでに良好な醗酵状態にある集液容器なら、一連の採液期間中継続して使用する。そうすれば、樹液は滴下するなり多量の好ましい乳酸菌や酵母と遭遇し、最初から良好な「乳酸・エタノール醗酵」が継続されるので、非常に速く、しかも間違いなく酒になる。

ヤシ酒の醗酵は続く

樹の上から降ろしたばかりのヤシ酒は、かすかな甘味と酸味を兼ね備え、飲みやすくて美味しい。しかし、時間とともに味が変わり、三〜四日もすれば飲むに耐えなくなる。そのおもな原因は、ヤシ酒の中のエタノールが酢酸菌の作用で酢酸になってしまうからである。酢酸菌も自然界に広く普遍的に分布する複数の微生物群で、エタノールを好気的に酸化して酢酸を生成する。

酢酸菌も乳酸菌や酵母と同じように早くからヤシ樹液中にいる。しかし、その存在が目立つようになるのは酵母によるエタノールの生成が行われてから以降で、エタノール量の増加とともに、その活動も活発になる。樹から降ろしたばかりのヤシ酒中にはまだ糖分が残っていて、しばらく酵母によるアルコール醗酵が続く。その後、エタノールの濃度は若干高くなるが、やがて酢酸菌による酢酸生成一辺倒になり、最後にはエタノールはほとんど消耗し尽くす。この現象が普遍的に起こる

$$C_2H_5OH + O_2 \rightarrow CH_3COOH + H_2O$$

エタノール　酸素　酢酸　水

ことなので、先に述べた「乳酸・エタノール醗酵」は、「乳酸・エタノール・酢酸醗酵」の一部として考えるべきである。この反応を利用して日本酒やブドウ酒から食酢がつくられるように、ヤシ酒からも食酢がつくられている。

このように、ヤシ樹液中の蔗糖は、エタノールを経由して酢酸になり、最後には酢酸も二酸化炭素と水に分解されて、また自然に還る。しかし、樹液中のすべての蔗糖が同じ経路を通るわけでは決してない。この経路に関与するものだけを考えても、乳酸に変化するものがあるし、乳酸菌や酵母の菌体を形成するのに使われるものもある。さらに、この「乳酸・エタノール・酢酸醗酵」とはまったく関係のない経路を通るものが少なからずあるのだ。確かにヤシ樹液中では、乳酸菌、エタノール醗酵酵母、酢酸菌の三菌群が、それぞれ優勢菌として時間の経過とともに移り変わる。しかし、開放系であるから、それ以外の微生物も皆無ではない。

これらの微生物が、樹液中の蔗糖や各種成分から、乳酸、エタノール、酢酸以外のさまざまな物質を生成する。それらの生成は、ヤシ酒独特の風味形成に重要な役割を演じているばかりではなく、場合によってはエタノールの収量に重大な影響を及ぼす。そしてまた、これらヤシ酒で繁殖する各種の微生物は、ヤシ酒の保存性を極端に低下させる原因にもなっている。時間が経つと酢酸ばかりではなく、いろいろな生成物が増え、四日間も放置すれば飲むに耐えなくなる。そこで、ヤシ酒の風味をなるべく失わずに瓶詰めとするため、低温殺菌（いわゆるパストリゼーション、九

○℃で二〇分間の加熱）が行われるが、この処理による品質の劣化は免れない。しかも、殺菌が不完全なので保存期間は六ヶ月間が限度である。

もっと長く保存するには、蒸留によって成分のエタノール濃度を高めるしかない。蒸留してエタノール濃度を三〇～四〇％にすれば、保存期間は格段に延びる。これが一般にアラックと呼ばれる蒸留酒である。アラックにすれば、単に保存性が増すばかりではなく、体積が数分の一以下になる。輸送や管理が容易になり、味や香の点で元のヤシ酒より普遍性を持たすことができる。

私は、ヤシ酒のアラックに初めて出逢ったとき、英語でもシンハラ語でも同様にアラックと呼ぶのを聞き、その言葉が蒸留技術とともに、一六世紀に侵攻したポルトガル人によって伝えられたのだと思った。だが改めて辞書を見ると、アラックの語源はアラビア語だと書いてある。つまり、アラックという蒸留酒は、ヨーロッパ人の侵攻する以前から、蒸留技法とともに陸路インドを経由するか、あるいは海路アラビア商人などの手によって、スリランカに伝えられていたことが、語源からもうかがえたのである。

少々日本の事情に触れると、わが国へ蒸留酒の技法が渡来したのは、まず琉球（沖縄）である。一五世紀のなかば、当時盛んであったシャム（現在のタイ）との交易に伴って、シャムの技術が入り、後の泡盛とか焼酎製造技術の基礎となった。薩摩（鹿児島）には琉球から伝わったと見るのが順当であろう。天文一二年（一五四三年）の鉄砲伝来から三年後、薩摩を訪れたポルトガル人ジョルジュ・アルヴァレスは、米の焼酎があると書いている。その後、江戸時代（一六〇三～一八六八年）になると、焼酎は全国的に普及するのであるが、焼酎がアラキとか荒木酒、蒸留器が羅牟比岐《らむびき》とか蘭《らん》引《びき》と呼ばれていたことはとても面白い。

アラックの味

私がスリランカ在勤中に飲んだ酒は、主としてビールであった。スリランカでもビールを醸造していて、品質も日本製に較べて遜色《そんしょく》がない。しかし、原料はすべて輸入品であるから、一般の生活水準から見るとはなはだ贅沢《ぜいたく》な飲み物で、外国人を対象に生産されていると言っても過言ではなかった。その高いビールを飲んだのは、何も贅沢を好んだわけではなく、衛生面の配慮であった。熱帯地方では生水は非常に危険である。当時は瓶詰めのミネラル水が現在のように普及していなかったから、ホテルの食堂やレストランで水割りやオン・ザ・ロックに使う水や氷に問題があった。水はすべて煮沸して、氷もその水でつくってあれば問題ないが、そうとは限らないからである。その点、殺菌して瓶詰めにするビールなら安心であった。

だが、宿舎にしていたホテルの自室では、ときにウィスキーを少量飲んだ。私の部屋はホテルの別館にあり、簡単な炊事道具や冷蔵庫なども置いてあって、冷蔵庫には自分で煮沸した水やそれでつくった氷を切らしたことがなかった。自室では、水割りでもオン・ザ・ロックでも、心置きなく飲めたのである。

余談になるが、私は生水を絶対に飲まないようにしていた。と言っても、外に出た時の食事でビールばかり飲んでもいられない。そのような場合、必ず紅茶を注文した。スリランカには、かつて支配を受けた英国の影響が今なお強く残っていて、紅茶は間違いなく沸騰した熱湯で淹《い》れる。そのような留意とトディの試飲とはいっけん矛盾するようであるが、私なりに理屈をつけていた。トディは、見たところ決して清潔とは言い難いが、植物から流出した樹液だから人間の病原体が入っているはずはないし、壺に溜まっている間の汚染も可能性が低いと考えたのである。

とにかく、トディについては、キトゥルヤシ、パルミラヤシ、ココヤシの三種ともはなはだ順調に味わうことができた。しかし、アラックを飲んだのは、それに較べるとずいぶんと遅かった。アラックはどの酒屋でも売っていたし、蒸留酒だから衛生面の心配もない。いわゆるフーゼル油など悪酔い成分に問題がないことも、クマーラ君やジャヤシンガ君が保証してくれた。それでも何となくアラックを買いそびれていたのは、アラックがあまりにも安かったからである。日本のウィスキーに較べると数分の一の値段にも満たなかった。あまりにも安価な物を口にすることには逡巡《しゅんじゅん》する気持が働く。果物など自然のままの食品なら、たまたま非常に安い品物に遭遇してもためらうことは少ないが、付加価値が高いはずの品物が安過ぎると反って心配になるものである。

その気持ちを打破してくれたのが、シータエリヤ農業試験場の新しい場長ラファエル氏のパーティであった。私が着任して半年ぐらい経つと、場長が交代した。挨拶の意味もあってか、試験場のおもだった研究員と一緒に招待されたのである。私は日本から持ってきたウイスキーのほかに、ビールを一ダースほど運転手に運ばせてパーティに臨んだ。ラファエル氏の専攻は育種学、まだ三〇歳代後半の若さであるが、はなはだ穏やかな人柄である。夫人手づくりの料理も美味しく、大いに話がはずんで宴たけなわのころ、ラファエル氏がニコニコしながら

蒸留ヤシ酒（アラック）には多くの銘柄がある

「親戚の家で蒸留したアラックですけれど、試してみませんか」と無色透明の酒を薦めてくれた。私は一瞬耳を疑ったが、意味するところは要するに密造酒である。ところが氏はいっこうに悪びれた様子もない。引き込まれるように一杯受けた。そのまま口に含んでみる。微かな甘みがあり、ウイスキーとブランデーの中間のような感じである。日本の焼酎のように強い匂いがなく、はるかに好ましかった。一般にアラックは、それが貯蔵中に樽から出た色なのか、カラメルなどでつけたものなのか知らないが、皆ウイスキーのような色がついている。そのふつうのアラックもパーティに準備されていたが、ラファエル氏の無色のアラックと本質的な差はなかった。アラックは完全に喰わず嫌い（飲まず嫌い？）であった。

それからときどきアラックを買うようになった。アラックには多くの銘柄があり、値段の開きも大きいが、最高級の銘柄メンディス・スペシャルでも、日本円にするとたかだか一本数百円に過ぎない。私は、そのメンディス・スペシャルが大層気に入った。寝酒として十分に満足したのである。自分用に何本かの免税ウイスキーを持ち込んでいたが、それ以後、全部プレゼントに回すことにした。

アラックを飲み料にすることは、ほかにも利点がある。ホテルで私は、封を切ったアラックの瓶を正々堂々と机の上に置いていた。この国でホテル滞在をする人の悩みの一つに、飲みかけにした舶来ウイスキー瓶の処置がある。いくら瓶を隠しておいても、留守の間に「身に覚え」以上に減ったとか、つけておいた印より量が増えたとか、水っぽくなったとか、苦労話をよく聞く。アラックならどんなに高級でも、その心配は要らない。精神衛生上、まことに有り難いことである。

北のブドウ酒と南のヤシ酒

ヤシ科植物は非常に大きな群で、約二二〇属二五〇〇種があり、その大部分が熱帯や亜熱帯に分布する。各地に生育するヤシは、地域住民の生活と密接に結びつき、いろいろな利用法が発達した。ヤシ酒づくりもその一つである。ヤシから酒をとることは比較的簡単な技術だ。幹や花序の軟らかい部分に傷をつけて、流れでる樹液を放置すれば酒になる。人類は初め何かの偶然から、このことを発見したのであろうが、これほど容易に酒を得る方法はほかにあるまい。

人類が、いつからヤシ酒を飲んでいたのか、残念ながら、その正確な記録は残っていない。ヤシ科植物は、全体的な形態、幹の形、葉の形、花の形など、すこぶる多様性に富むから、古代人にとって、それらを一括してヤシ類として認識するのは困難であった可能性が高い。したがって、ヤシ酒づくりは、ヤシの生育する多くの地域で、自然発生的かつ多元的に広く行われるようになったに違いない。おそらく、ヤシ酒は、有史以前から熱帯圏の人々に親しまれたであろう。スリランカで観察したココヤシ、キトゥルヤシ、パルミラヤシのほかにも、サトウヤシ、ニッパヤシ *Nipa fruticans*、アブラヤシ *Elaeis guineensis*、ラフィアヤシ *Raphia ruffia* など多くのヤシ類から、熱帯アジア、アフリカ、中南米など各地の人々が、古くから酒をとっていたことが報告されている。それは、た

夕方になると大勢の人々が酒屋に集まる（ヌワラエリヤ）

だ単に嗜好的な飲料としてのみならず、「人々を酔わす」という特性によって、呪術的《じゅじゅってき》な使用目的も持つようになった。各地の民俗文化には、ヤシ酒が、慶弔や祭事など各種の行事と密接に結びつき、特別な役割を担っている多くの例が見られる。

熱帯にはヤシ酒以外にも、植物の汁液を利用する酒として、サトウキビ *Saccharum officinarum* からつくるラム酒やリュウゼツラン *Agave americana* の花序からとるテキーラ tequila がある。しかし、ラム酒は砂糖を精製する過程で得られる糖蜜を原料としていて、近代的な製糖工業の副産物と言える。テキーラはメキシコの特産品で、生産地域が限られる。また、米《こめ》、稗《ひえ》、黍《きび》などの穀物を原料とする酒も各地にあるが、いずれも地域的な色彩が濃く、熱帯の一般的な酒とは言い難い。何と言ってもヤシ酒が、熱帯、言い換えると南を代表する酒である。

では、北を代表する酒は何であろうか。ビールなどの穀物酒、ウイスキーなどの蒸留酒、多くの酒類があるが、私はブドウ酒こそが北を代表する酒だと思う。その歴史、広範な産地、品数の豊富さ、産額、全般的な食文化などとの関わり合い、愛好者の数、多くの点から間違いないであろう。そしてまた、ブドウ酒は酒文化において世界を制覇した酒でもある。

残念ながらヤシ酒が現在なお普遍的な酒であるとは言い難い。むしろ消費は減少傾向にあるのではなかろうか。スリランカでも、都会の若者はトディと聞いただけで一様に顔をしかめる。ヤシ酒は、安いのだけが取り柄のもっぱら低所得者層の飲み物か、他の酒には縁のない田舎の飲み物としか考えられなくなったのである。ブドウ酒と同じように、植物からとれる甘い汁液（樹液や果汁）を材料にしながら、まさに対照的だ。

それには多くの理由が考えられるが、ヤシ酒の製法があまりにも簡単で自然に近いため、人為的な改良が加えられる機会を逸し、酒の質においてもあるいは醸造の効率化においても、時流に乗りそこねたのである。これは南の文化や経済の全般に共通する問題でもある。

だが一方において、ヤシ酒の味は太古も今も変わらない。私が今飲むヤシ酒の味は、マルコ・ポーロが飲んだ味と違わないばかりか、数千年前の古代人が飲んだ味とも寸分違わないことになる。この素朴な味に、私は限りない愛着を感ずるのである。

別れ

ヤシ酒は、私にとってスリランカ生活のこの上ない潤滑油であった。それは巷《ちまた》で言われる「酒は百薬の長」的な効能だけではない。二年の任期中ずっと折にふれてトディを飲んだし、アラックを寝酒として嗜《たしな》んだ。しかし、ヤシ酒の醍醐味は、むしろ飲酒とはまったく無関係な場合に得られることが多かった。人々との雑談でヤシ酒は罪のない格好の話題であり、彼らとの間に限りない親近感を与えてくれた。

スリランカの人々、特に男性は誰しもトディが大好きである。ふだんは苦虫を噛み潰したような顔をしている人でも、トディの話を持ちだすと、とたんに相好を崩し、ヴィレッジの親戚や知人を訪ねたときの楽しみを白状して、胸襟《きょうきん》を開いてくれた。トディの肴《さかな》は、薄切りタマネギをトウガラシとコショウで和えたものと蒸しキャッサバが最高だそうである。あちこちのトディの味、ヤシの種類による味の差、アラックの銘柄、何でもが話題になった。男性ばかりではない。トディは女性の台所仕事にも重要で、米の粉や小麦の粉で薄焼き（ホッパー）や厚焼き（ロティ）をつくるときに、イーストの代わりに古くから使われているそうである。

これは、あらゆる機会をとらえてヤシ酒の情報を集めようとする私にとって一石二鳥と言えた。つまり、飲まなくてもヤシ酒を話題にすることによって、男女の別なく誰とでもうちとけた話ができて、しかもヤシ酒に関するさらなる新知識が得られたのである。しかし、間もなくヤシ酒に関する情報は頭打ちになってしまった。考えてみればとうぜんである。日本酒の好きな日本人すべてが酒米の特殊性とか日本酒の醸造工程を詳しく知っているわけではあるまい。スリランカの人たちとて同じであった。いくらトディ好きでも、高い樹上の仕事内容や理屈を知っているはずがなかった。花序から樹液を長い期間滴下させる秘術、樹液をトディにするかジャグリにするかの切り替え方法など、誰も答えてはくれなかった。ふつうの人から得られる情報には限界があった。

だからと言って、これ以上専門的な調査をすることは、立場上無理であった。結局、私は捲土重来を期して二年間のスリランカ勤務を終えたのである。

第2章

各国のヤシ酒

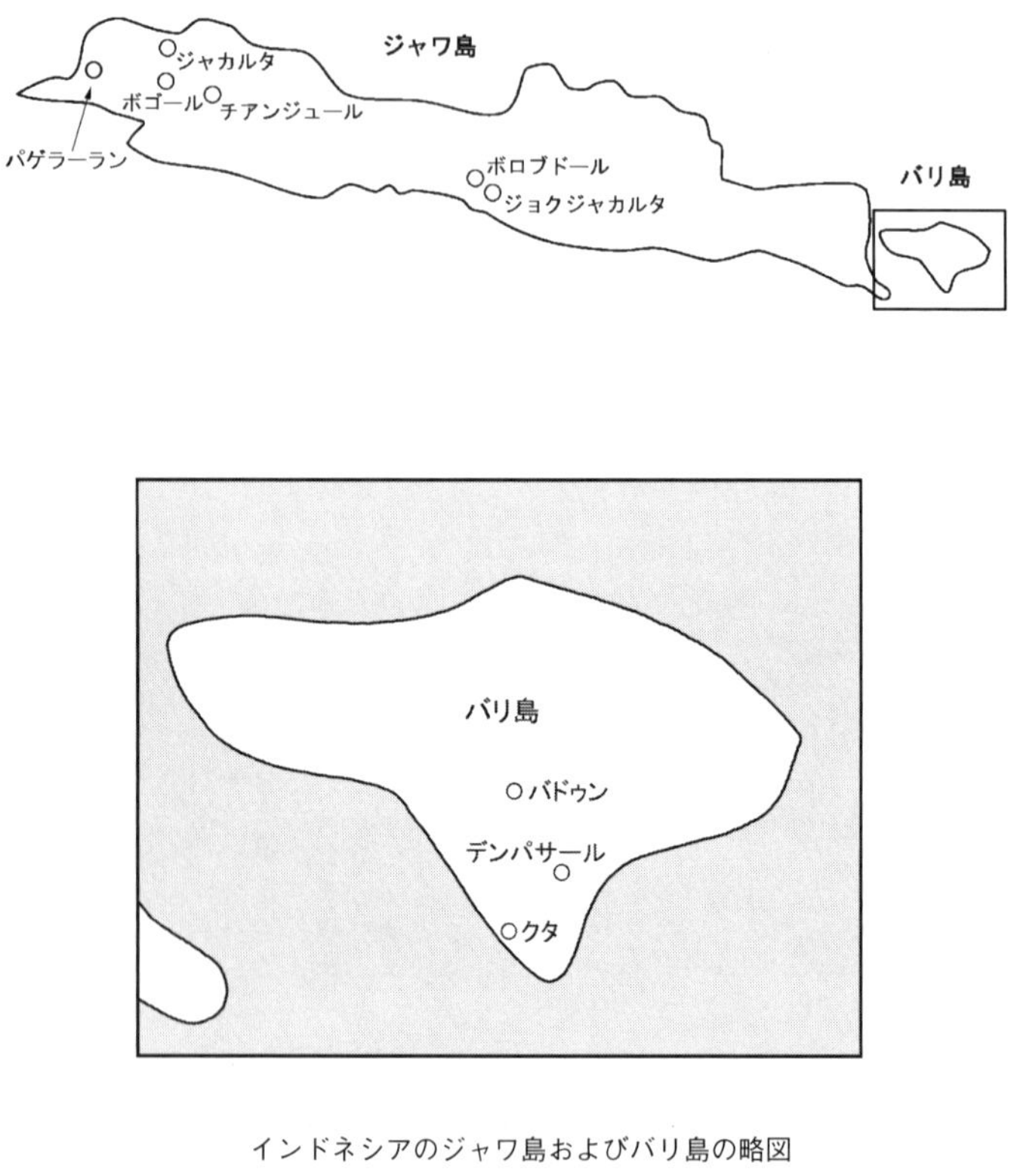

インドネシアのジャワ島およびバリ島の略図

インドネシアはイスラム教国だった

スリランカへの長期出張から帰国すると、私はもとの研究生活に戻り、十数年が経った。その間、何度かの国内転勤や短期海外出張を経験したが、ヤシに直接関係する仕事につくことはなく、ヤシに関することと言えば、せいぜい目にする範囲の文献を集めるぐらいであった。しかし、自由な立場で海外旅行ができるようになったとき、私の心を再び強く捕らえたのがヤシ酒に対する興味であった。今度こそ、スリランカ以外にも調査の手を広げ、世界におけるヤシ酒の現況を知るとともに、ヤシ酒に関する基礎的な疑問も解明したかった。

スリランカ以外にヤシ酒づくりの国としてまず思い浮かんだのはインドネシアであった。マルコ・ポーロが『東方見聞録』でヤシ酒について最初に述べているのはスマトラ島だ。そのスマトラ島でマルコ・ポーロが見たサトウヤシはスリランカになかった。私はサトウヤシの採液状況をぜひ見なければならないと思った。

しかし、スマトラ島には知己《ちき》がまったくいないので、調査行動が困難である。それに反して、ジャワ島には農林水産省時代以来の友人松本和夫さんがいる。松本さんは日本国際協力事業団（JICA）の専門家としてボゴールの香辛料・薬用作物研究所に派遣され、夫妻ですでに二年近く滞在する。何かと便宜をはかってもらえるはずだ。ジャワ島でもおそらくスマトラ島と同じようにサトウヤシから採液をしているであろう。私は家内を伴い、一九九二年一〇月ジャワ島を訪れた。せっかくなのでバリ島にも足を伸ばす計画であった。

ジャカルタ空港で松本夫妻の出迎えを受け、そのままボゴールに直行した。しばらく松本邸に滞在させてもらうことにする。ボゴールはジャカルタの南方約六〇キロにある高原都市で、多くの研究機関が集まる学園都市である。ここでいろいろと話を聞いているうちに、大変な誤算に気がついた。飲酒がイスラム教の厳重な禁止条項であることを失念していたのである。大部分の人々がイスラム教徒のジャワ島で、表立った酒の調査は不可能であった。誰に聞いても、「ヤシ酒なんてジャワにはありませんよ。土台、インドネシアで酒なんかつくっていません」という答が返ってきた。これは一つには、私の聞いた筋がすべてあまりにも真面目であったせいかもしれない。どこにでも違反者はいるものである。いくらイスラムの国であっても、アングラで酒をつくり、飲む人がいるに違いない。だが、現実は現実であった。

ボゴールの街角で未醗酵のヤシ樹液を商う人（ヤシ樹種不明、鬼木氏提供）

マルコ・ポーロがスマトラ島を訪れたのは、一二九一年から九二年と考えられるが、彼によると、その頃のスマトラ島やジャワ島の人々は偶像教徒であった。偶像教とは仏教あるいはヒンドゥー教である。それが、『三大陸周遊記』で有名なイブン・バトゥータ（一三〇四～一三六四年）が一三四五年にスマトラ島北部を訪れたときには、そこにイスラム王国が成立していた。その頃からスマトラ島やジャワ島には続々と多くのイスラム王国が建設され、人々の間にもイスラム教が急速に広まった。それとともに、ヤシ酒も表舞台から姿を消したものと思われる。

サトウヤシからつくるヤシ糖

とにかく、ジャワ島でヤシ酒について調査することは断念せざるをえなかった。しかしサトウヤシのヤシ糖製造なら見ることができるという。手始めにジャワ島西端部の部落にゆくことになった。松本夫人とスカルノ夫人に案内してもらい、家内も同行する。スカルノ夫人はインドネシアの男性と結婚した日本人女性で、インドネシア語が堪能《たんのう》なので通訳をお願いしてある。目的地はパゲラーラン近くの部落で、自動車を飛ばしてもボゴールから五時間あまりかかり、朝早く出発したのに、着いたのは午後一時ごろであった。

その日は金曜日で、ちょうどお祈りの時間が終ったらしく、モスク帰りの人々がぞろぞろと歩いている。部落長の家を聞くと、その群衆の中に本人がいた。三〇歳過ぎの意外と若い

部落長の応接間、左から二人目が部落長

サトウヤシのヤシ糖（シュガー・ローフ）

人である。来意を説明すると、家に連れていってヤシ糖を見せてくれた。直径も高さも一〇センチメートルぐらいの黒褐色シュガー・ローフ（トンガリ帽子形の砂糖塊）が、二個組みになってヤシの葉で包まれている。二個のうちの一個を砕き、皿に盛ってすすめてくれたので、恐縮しながらも一かけらを口に入れた。まさに、懐かしいジャグリの味と匂いがする。ただし、スリランカで食べたキトゥルヤシのジャグリより塊が崩れやすく、酸味が少し強いように感じた。

サトウヤシのヤシ糖製造用の道具類

　製造現場を見たいと言うと、部落長が気軽に立ち上がり、案内してくれることになった。道を渡った向側にヤシ糖づくりの家があり、樹液を煮詰める道具などを見せてもらってから、家の裏手に回ると、ほとんど葉の落ちたサトウヤシの樹が二本ある。このように葉が幹の頂部にほんの少ししか残っていなくても、まだ採液が可能だとのこと。おそらく、まだ一本か二本花序が伸びてくるので、それを切れば、幹の髄に蓄えられている澱粉が糖化して出てくるのであろう。しかし、もっと元気のよい樹が見たいので、スカルノ夫人にその旨を伝えてもらう。五〇〇メートルほど離れたところに若い樹があるが、遠くても大丈夫かとの返事。ボゴールからの距離、いや日本からの距離を思えば、五〇〇メートルなどいかほどの距離であろうか。

山の方に向かって田圃の畔道を通り抜け、林の中の急斜面を登ると、採液中のサトウヤシの樹があった。勢いの良い大きな樹である。一本竹の梯子と、樹液採取用の竹筒が二本かかっている。これこそマルコ・ポーロが見た「酒とりの樹」である。時代が変わって酒こそとっていないが、酒も砂糖も本質的には違わない。それにしてもサトウヤシはキトゥルヤシに似ている。葉の形は違うが、

採液中のサトウヤシ

採液している竹筒の拡大写真

全体的な樹形はそっくりだ。花序の形成が樹の上部から始まり下部に進む。花序がちょうど馬の尻尾のように、総状に垂れ下がるのも同じである。

サゴ澱粉の製造

松本さんが、ジャワ島におけるもう一つの調査地としてチアンジュールの近くを選んでくれ、サトウヤシのヤシ糖製造ばかりではなく、サゴ澱粉の製造なども見学することになった。今回は松本さんも夫妻で参加し、香辛料・薬用作物研究所からマイクロバスが出て、研究室助手のスシロ君が通訳兼案内人として同行してくれた。

サゴ澱粉とは、言うまでもなくサゴヤシからとれる澱粉のことである。サゴヤシ属植物のうち、現在産業的に栽培されているものは、トゲサゴ *Metroxylon rumphii*、トゲナガサゴ *M. longispinum*、サゴヤシ（ホンサゴ）*M. sagu* の三種とされるが、葉鞘（葉の基部が鞘状になって幹を包んでいる部分）や葉の中肋（葉の中心線で肋骨のようになっている部分）に長い刺があるかないかの差が連続的に変異しているので、三者を同一種とみなす意見もある。

サゴヤシは刺がなく、トゲサゴから選抜された栽培型だ。いずれも低湿地に生え、幹は高さ七～一五メートル、直径三〇～六〇センチになる。一〇～一五年生になると、幹の先端に長さ三～五メートルの複羽状に分岐した花序を生じ、淡紅色の花をつける。種子でも繁殖するが、一般には地下茎から生えてくる若い植物体を分けて栽培する。開花前になると、幹の髄に多量の澱粉を貯蔵しているので、伐り倒して澱粉を採取する。それがサゴ澱粉で、収量は一樹当たり二〇〇〜四〇〇キロである。開花結実すれば、その澱粉の栄養分は花や果実に移り、幹の中は空洞となって、樹は枯死する。サゴヤシに限らず、ヤシ類には幹の髄に澱粉を蓄えるものが多く、それらもサゴ澱粉と総称される。

私は前々からサゴ澱粉に強い関心があった。それは、かつてスリランカで食べたサゴプリンが美味しかったからだけではなく、サゴ澱粉そのものがヤシ糖やヤシ酒と共通する由来を持つからである。スリランカのジャグリ生産でお馴染みのキトゥルヤシは、開花前になると幹の中に多量の澱粉を蓄えるので、伐り倒せばサゴ澱粉がとれる。しかし、伐らずに花序から樹液を採取しても、幹の澱粉は消耗し、最後に樹は枯死する。つまり、澱粉のままとるか、その澱粉が溶けた糖液としてとるかの違いで、両者の由来をたどればいずれも同じヤシの貯蔵養分にゆき着く。

小さな川を渡ったところでマイクロバスが止まった。バスを降りて雑木林の中の小道

ボゴール植物園のサゴヤシ（手前が幼木、奥が成木の幹）

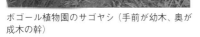

を少し歩くと、急に目の前が開けて広場になり、真っ白な澱粉を入れた直径一メートル位の丸い笊《ざる》が一面に干してある。広場の向こうにあるのが磨砕場で、製材工場のような音を盛んに立てている。皮を剥いで長さ約一メートルに切ったサゴヤシの幹が並ぶ。直径は三〇～四〇センチメートルで、巨大な丸太ではあるが、文献にあるよりは若干細い。そう言えば、ボゴール植物園で見たサゴヤシも、それほど太くはなかった。

サゴ澱粉の乾燥

サゴヤシの丸太

その丸太を四ツ割にして、髄の部分を摩砕機の回転胴に押し当てて磨砕する。丸太の表面に近い部分は磨砕されず、薄い板状に残る。摩砕機の材料はジャックフルーツの木、黄色の硬い材だ。直径約二五センチの回転胴には、多数の鉄針が規則的に植えられている。要するに、とてつもなく大きくて固い芋を機械仕掛けの卸金《おろしがね》で卸しているようなものだ。

磨砕機の回転胴

サゴヤシ幹の磨砕作業

見ていると、ヤシ科植物とサトイモ科植物が分類学的に近縁だとする学説が思いだされてくる。ただし、このサゴ澱粉製造が、その学説の根拠になっているわけではない。花の形態などが共通しているのである。

磨砕した髄は粗い鋸屑状で、直ちに水を掛りながら足で踏み、澱粉を揉みだし、滓《かす》は捨てる。澱粉を含む水は、

サゴ澱粉の沈澱槽

幾重にも折れ曲がった長い沈澱槽を通し、澱粉を完全に沈澱させてから川に流す。沈澱槽に溜まった澱粉は、集めて乾燥する。工程としては比較的単純である。しかし、大量の水を必要とし、労働もかなりきつい。そのうえ、見る見るうちに積みあげられる滓の山がある。おそらく捨て場に困っているのであろう、私たちが立っている地面もブヨブヨと妙に軟らかく、辺り一面に、饐《す》えた悪臭が漂う。使用ずみの水を流す川の汚染もあるに違いない。

サゴ澱粉は、人類が最も安易に得る食料の一つとも言われるが、それは人口密度の低い自然林で採集経済を営む場合のことであって、近代社会において集約的に生産しようとすれば、サゴヤシの継続的な供給、清澄な川、十分な労働力など立地条件を選び、しかも深刻な公害問題に直面せざるを得ないのである。

家内工業でつくるヤシ糖

ヤシ糖製造の家に着くと、すでに連絡が入っていたとみえ、すぐに樹液濃縮の様子を見せてくれた。主人が一人で何もかにもこなす完全な家内産業である。

屋内に台所とは独立した作業場があり、土間に石でかまどが築いてある。樹液を直径七〇～八〇センチの大鍋に入れ、実に巧みに煮詰めてゆく。液が濃くなって泡が立ったとき、ヤシ油を一匙加えると見事に泡が消える。濃縮の最終段階になると、水中に一滴落として固化の確認をする。随所に工夫がこらされていて、年季の入った作業手順には無駄がない。

かまどから出ている内径一センチくらいの細い煙突に、竹筒が被せられている。竹筒に触ると、かなり熱い。砂糖をつくる場合の樹液採取用の容器は、煙熱殺菌されていたのであ

サトウヤシ樹液の濃縮

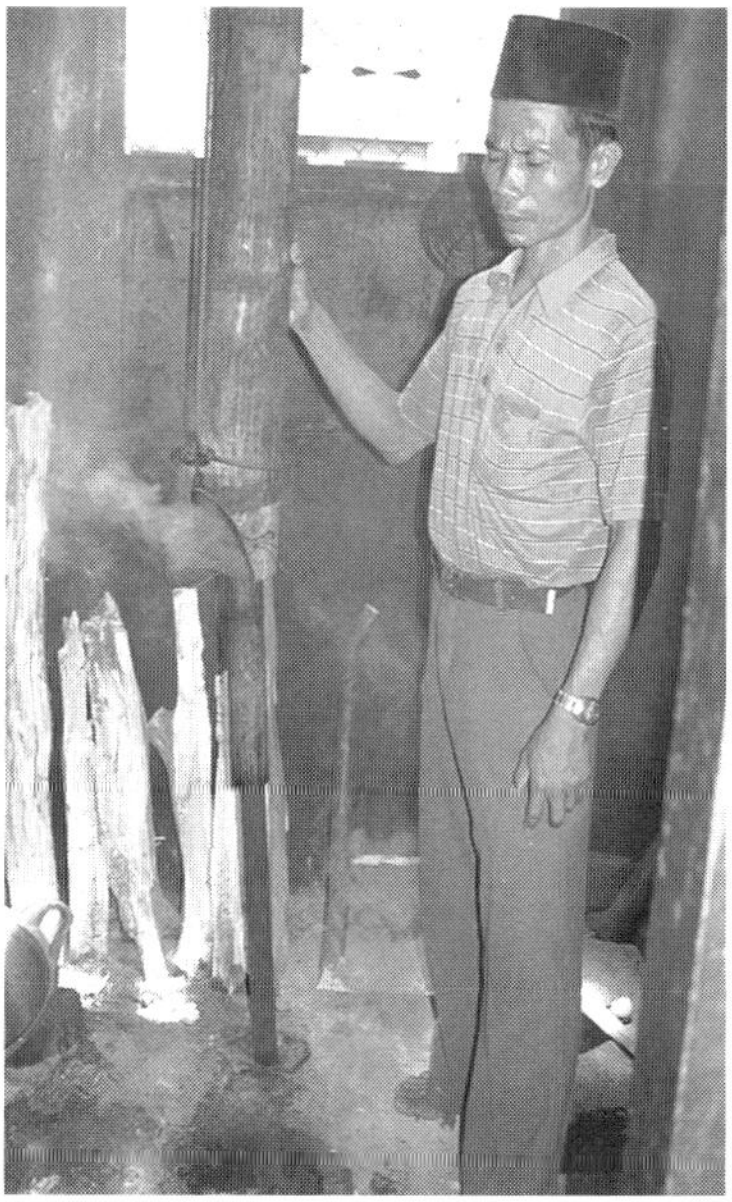

煙による竹筒の殺菌

煮詰めた樹液は攪拌しながら粉砂糖に仕上げる

る。土器の壺なら直火にかけることも可能であろう。しかし、竹筒ではこの殺菌方法が最も良い方法と思われる。使用済みの竹筒は、洗ってから煙と熱風の吹きだしている小煙突に一時間以上被せておくそうである。それによって、竹筒を繰り返し使っても樹液の変質が抑えられるのであろう。

　ここでは、一般に見られる固形のヤシ糖ではなく、粉末状に仕上げていた。濃縮の終わった樹液は、鍋ごと戸外に運びだし、鏝《こて》を使って攪拌を続け、大きな塊ができるのを防ぎながら冷やす。冷えるに従って粉末になるので、篩を通し、塊は潰して再び篩にかけ、全部が一様の粉末になるようにする。褐色の細かい粉末で、使用に当たって砕く必要はない。おそらく固形のものより高く売れるのであろうが、製造の手間は相当なものである。樹液六リットルを二時間かけて濃縮乾固させると約一キログラムの黒砂糖になる。大きな良い樹から一日一五リットル、小さい樹からは二リットルていどの樹液がとれ、六本の樹を扱って、一日約一二キログラムの砂糖を得ているそうである。

　長短さまざまの竹筒が置いてあったが、それも樹によって樹液量に大きな開きがあることと良く符合する。私の身長（一七五センチ）に近いものも、樹液の量が一日一五リットルに達する場合には必要だ。ちなみに、内径一〇センチで、長さ一七五センチの竹筒の内容積は約一四リットルになる。

採液には、苞が開き個々の花が開く直前に花序を切断する。その点、苞が開く前に花序を切断するキトゥルヤシの場合と違う。また、果実は直径が約五センチもあり、種子が三個あって食用となるのに対して、キトゥルヤシの果実は直径約一・五センチ。種子は一個で食べられない。ただし、双方とも果肉は有毒である。

古本屋の掘出物

ボゴール滞在中、ヤシだけにかまけていたわけでもない。松本さん夫妻が気を遣ってくれ、ボゴール植物園の散策、市場のショッピングな

採液中のサトウヤシ

大容量の竹筒

どを楽しみ、またジャカルタまで足を伸ばして、国立中央博物館やタマン・ミニ・インドネシアを見学した。タマン・ミニ・インドネシアは、多民族国家のインドネシアを分かりやすく見せてくれる公園である。国を構成する二七州をそれぞれ代表する民族の住居がつくられていて面白い。公園内の売店で一休み中、たまたまのぞいた古本屋で、実に貴重な掘出物を見つけた。アジア諸国の醗酵食品に関する英文の本である。ヤシ酒も含まれていた。

それは『アスカ《ASCA》諸国固有醗酵食品コンサイスハンドブック』という本で、インドネシアのメダンで一九八一年に開催された第八回アスカ会議の討議内容に基づいて一九八六年に発行されている。全部で約二〇〇の醗酵食品が収録されていて、その中には日本の酒・味噌・醤油・漬物などもあるが、ヤシ酒もインドネシア、フィリピン、スリランカのが各一篇づつ入っている（英語の原文を著者が訳した第一～三表参照）。ちなみに、アスカとはThe Association for Science Cooperation in Asiaの略である。

この本が手に入ったことは、非常に有り難いことであった。とにかく、インドネシアにサトウヤシの酒があることが確かになった。探せば必ず出逢えるはずだ。

第一表　インドネシアのヤシ酒

地　域　名：トゥァク、アラク

原料の成分：サトウヤシ、ココヤシ、パルミラヤシの花序を切って得られる樹液

製　　法：樹液を花序から直接竹筒に採取する。竹筒の中の樹液は自然温度で三～四日間自然醗酵酵させるとアラクになる。醗酵を促進するために、ヤシ殻繊維あ

るいはある種の木の皮をあらかじめ竹筒に入れておく
官能的特性：やや甘酸っぱいアルコール性の香味を有する乳白色の液体
化学的特性：八％以下のエタノールを含む
栄養的価値：不明
微　生　物：不明
貯蔵期間：室温において七〜八日間
生　産　量：非常に小規模な家内生産
用　　　途：嗜好飲料

第二表　フィリピンのヤシ酒
地　域　名：トゥバ【醸造酒】、ランバノグ【蒸留酒】
原料の成分：ココヤシの樹液一〇〇％、蔗糖一六・六三％、還元糖〇・二七％、蛋白質〇・二三％
製　　　法：ココヤシ樹液→自然醗酵四〜七日→トゥバ→蒸留→ランバノグ瓶詰
官能的特性：無色透明のアルコール性液体【ランバノグの特性と考えられる】
化学的特性：pH六・四、全固形成分一六・八八％、灰分〇・三三％、有機酸〇・〇九％、糖以外の無窒素成分〇・五三％、エタノール七・九〜八・六％【以上トゥバ】エタノール四〇％【ランバノグ】

栄養的価値：不明
微　生　物：酵母及び細菌
貯蔵期間：不明
生　産　量：家内生産で五三、九〇三リットル／年【この値はランバノグの量と考えられる】
用　　　途：嗜好飲料

【　】内は著者の注

第三表　スリランカのヤシ酒

地　域　名：トディ
原料の成分：ヤシの樹液（ココヤシ、パルミラヤシ、キトゥルヤシから採取）、一六〜二〇％の蔗糖を含む
製　　　法：開裂前の花序の切断で得られる樹液を自然に増殖する酵母によって醗酵させる。醗酵温度は自然条件（三〇℃）、醗酵時間は非特定、瓶詰めにされるが場合によって八〇℃、二〇分の火入れ処理
官能的特性：酵母の懸濁によって乳白色を帯びた液体、甘酸っぱいアルコール性の香味を有す
化学的特性：七〜八％（容量比）エタノール、一〜二％残留糖分

栄養的価値：不明
微　生　物：主として *Saccharomyces cerevisiae*
貯蔵期間：そのまま飲用に供されるが、火入れをした場合の貯蔵期間は六カ月
生　産　量：六〇、〇〇〇、〇〇〇リットル／年【原文の六、〇〇〇、〇〇〇リットルは誤り】
用　　　途：嗜好飲料、蒸留すればアラックと呼ばれるブランディになる
【　】内は著者の注

各国が自国の醗酵食品としてあげているのは、それぞれの国で重要性が認められていると考えて差し支えあるまい。あげられていないから重要ではないと必ずしも言えないが、あげられているものは重要であるはずだ。会議参加国は、オーストラリア、バングラデシュ、ブータン、ビルマ、ホンコン、インド、インドネシア、イラン、日本、韓国、マレイシア、モルディヴ、ネパール、ニュージーランド、パキスタン、フィリピン、シンガポール、スリランカ、タイ、ベトナムの二〇カ国、そのうちでヤシ酒を自国の醗酵食品としてあげているのは、インドネシア、フィリピン、スリランカの三国だけである。なかでも、スリランカがヤシ酒生産をかなりの規模の産業としている。

問題は、いったいインドネシアの何処にいったらサトウヤシの酒づくりを見ることができるかということであったが、思いがけないことに、その解決の光明が偶然のことからまったく幸運な方向に見えてきた。私たちのバリ島ゆきのために、松本さんが手に入れてくれた英文の『バリの果物

Fruit of Bali, Fred and Margaret Eiseman, 1988』の中に、それはあった。この本はバリ島の各種果物の美しいカラー写真と簡単な説明文で構成されている。サトウヤシについては、果実ばかりではなく、樹そのもののいろいろな用途が書いてあって、ヤシ糖やヤシ酒のことも触れられていた。

バリ島にゆきさえすれば、サトウヤシの酒づくりに出会う可能性は十分にある。宗教的にも、イスラム教徒が大勢を占める地域で酒づくりを見ようとすることには土台無理があるが、ヒンドゥー教の盛んなバリ島とか、キリスト教徒が多いスラウェシ島などならば、同じインドネシアであっても、酒の扱いはずっと自由であるに違いない。

ボロブドール遺跡とヤシ糖

私たちはボゴールを離れ、ジャカルタ空港からジョクジャカルタに飛んだ。ジャカルタを朝七時に発つと、八時過ぎにはもう着く。出迎えはアグス・ユリアント君。アグス君と相談し、その日のうちにボロブドールなど仏教関係の遺跡見学を済ませ、次の日にプランバナンのヒンドゥー教寺院へゆくことにした。彼は、ジャカルタで契約しておいた旅行社の日本語ガイドである。

ボロブドールへゆく道筋に、サラカヤシ *Zalacca edulis* の果実を売っている店が何軒もある。この果実は、イチジクぐらいの大きさで、一般に、一〇個前後が一房になっている。果皮は褐色、細かい鱗片があり、簡単に剝けて、真っ白な果肉が露出する。種子は黒褐色で、直径が約一・五センチ。一果の種子基本数は三個であるが、退化して一～二個の場合が多い。甘酸っぱい果肉はカリカリと固く、非常に美味しい。一房一・六キログラムが七〇〇〇ルピア（約四〇〇円）であった。

道に面してサラカヤシの畑もある。このヤシは、幹がほとんどなく、三〜四メートルの羽状葉は地際から叢生し、葉柄には鋭い刺が密生している。果房も地際にあり、刺の生えた葉柄に挟まれているので、収穫

サラカヤシの果実

サラカヤシの全体像

サラカヤシに果実がなっている様子

ボロブドールの遺跡

採液中のココヤシ

が難しそうである。しかし、いずれにしても、このように甘くて美味しい果物が、地面とほとんど同じ高さで泥をかぶってなっているとは、実物を見るまで信じられなかった。

サラカヤシの見学に時間をとったが、一〇時ごろにはボロブドールに着いた。アグス君の説明を聞きながら、ボロブドール遺跡を見る。基壇から順に上の壇に登り、回廊の彫刻類を見てゆく。この世界最大の仏教遺跡とされる壮大な石造建造物が、構造的にも精緻《せいち》を極め、仏像やレリーフなども素晴らしい仏教文化の精髄を伝えているのに、建立者、建立年、建立の目的など、建造物の由来を示す資料が何一つ残っていないとは、不思議と言うほかはない。ただわかっているのは、シャイレンドラ王朝が八世紀末に着工し、九世紀半ばに完成したことぐらいだそうである。そして完成後間もなく、メラピ山の噴火によって埋もれ、一八一四年に英国東インド会社ジャワ副総督ラッフルズの手によって発掘されるまで、密林の奥深く千年の眠りについていたという。やっとのことで最上壇に立つと、ケドゥ盆地は一望の下にあった。

　遺跡から下りてくるとココヤシの林があった。何気なく歩いていたのであるが、盛んに樹液採取をしているのに気がついて仰天した。

　まったく思いがけないことであった。私はしばらく写真撮影に熱中した。樹高が数メートル前後なので、採液状況のクローズアップにははなはだ有り難い。

　同じココヤシの採液でも、スリランカの場合とかなり違う。最も目立つ違いは、樹液を受ける容器がスリランカでは土器の壺であるが、ここではサトウヤシの場合と同様に竹筒である。しかし、それは本質的な違いではあるまい。その土地で最も能率よく得られる素材を利用しているに過ぎない。それより重要なのは、ここで採液に用いているココヤシの樹齢がせいぜい一〇年ていどであり、花序は

ココヤシ樹液採取用の竹筒

ココヤシの樹液を煮詰めてヤシ糖にする農家の主婦

苞を除いて緊縛してあることだ。スリランカでは、採液するココヤシは樹齢がおそらく二〇年以上、樹高も二〇～三〇メートルあり、苞の上から花序を緊縛してあった。私の見るところ、スリランカでは人間の労苦は無視して、一本一本のココヤシから可能な限りの収益を搾り取ろうとしているのに対し、ここでは人間の労力も含めた全体の生産性を考慮し、一本一本の樹の収量にはそれほどこだわっていないようであった。その意味で、ここの採液処理の方法はいかにも無造作であった。

さっきから呆れ顔で私の様子を見ていたアグス君が声をかけてきた。

「その汁液ならあっちの方で売っていますから飲んでみますか」

「まさか酒じゃないだろうね」

「いや、ただ甘いだけの汁ですが、美味しいですよ」

私はぜひ飲んで醗酵の有無を確かめたかった。しかし、売人の溜まり場には誰もいない。がっかりしていると

「それならヤシ糖をつくっている農家にいってみましょう」

と誘ってくれた。なかなか気の利く男である。ついてゆくとすぐ近くの農家に案内された。家の中では小母さんが土間のかまどに鍋をかけて、ココヤシの樹液を煮詰めていた。

私は最も気になっている竹筒の殺菌についてアグス君に質問してもらった。樹にかかっていた竹筒には煤の跡がまったくないので、煙熱殺菌をしているとは思えない。他の方法によるとしても、ココヤシの場合には竹筒の数が多くなるので、全部の殺菌処理には大きな負担が考えられた。ところが、使用済みの竹筒は洗うだけで、それ以外の処理は何もしないと言う。私は質問が正確に伝わっていないことを心配して、聞き方を変えてみた。しかし答は同じであった。だが最後に

「竹筒にはこれを一かけら入れておくのですよ」

と乾燥した木の皮を見せられると、私も納得した。この木の皮には、樹液に微生物が繁殖するのを抑える効果があるに違いない。サトウヤシの場合の煙熱殺菌といい、この木の皮といい、驚くような知恵が隠されていた。

小母さんが愛想よくお茶をだしてくれた。お茶は紅茶に近い半醗酵茶、お茶うけはヤシ糖と蒸キャッサバであった。ヤシ糖は、薄茶色、直径七～八センチ、厚さ約二センチの片面が平らなレンズ形で、ココナッツの殻を使って固めたものである。スリランカで親しんだキトゥルヤシのジャグリより甘味が濃厚で、キャラメルのような粘りけが少しある。それらの違いが原料の樹液によるのか、製造法によるのかわからない。

小母さんがかきまぜている鍋の樹液は、煮詰まるまでにはまだまだ時間

ココヤシのヤシ糖

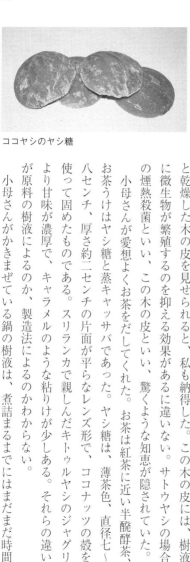

採液用の竹筒づくり

がかかりそうである。

　家をでたところで、この家の主人が新しい竹筒をつくっていた。適当な竹がありさえすれば、土器の壺をつくるよりはるかに楽である。内径八センチ、長さ三〇センチとすれば、容積は約一・五リットルになる。

市場で大量に売られているヤシ糖

　次の見学コースであるムンドゥット仏教寺院に着くまでの間、また、アグス君にしつこくココヤシから酒をとっていないかたずねた。これだけヤシ糖をとっているのに、ヤシ酒がぜんぜんないとは信じられない。ヤシ糖をとるよりもヤシ酒をつくる方が、むしろはるかに容易なのである。ヤシ酒はヤシの樹液を放置すればよいのに対し、ヤシ糖は樹液に微生物が繁殖しないようにさまざまな工夫が必要だ。しかし、敬虔《けいけん》なるイスラム教徒であるアグス君の答は断固として「ノー」であった。ジャワ島でヤシ酒づくりを見たいというのは、私の悪足掻きであった。

ジョクジャカルタに戻り、少し遅い昼食をすませてから、中央市場にいった。やはり食料品売場が一番面白い。野菜、果物、穀物、乾物、スパイス類など、ところせましと売店が並ぶ。人混みといっしょになって歩いていると、ヤシ糖を売っている店がたくさんあるではないか！　しかも量が生半可ではなく、「山のように」と形容するのがまさに適切である。ボロブドールで見たレンズ形のものばかりではなく、直径三センチぐらいの円柱状に固めたものもある。それは、ジョクジャカルタの人々にとって、ヤシ糖が重要な甘味料であることを十分にうかがわせる状況であった。

オランダ支配のころから、ジャワ島の主要産物の一つにサトウキビがあり、それを原料とする製糖業が盛んである。サトウキビの搾汁から砂糖をつくる方が、ココヤシの樹液を煮詰めるよりはるかに生産性は高いはずなのに、ヤシ糖がこれほど幅をきかしているのは、ヤシ糖に対する人々の特別な嗜好があるからに違いない。アグス君に聞くと、案の定、ヤシ糖はコーヒーや紅茶には向かないが、菓子や料理用として強い需要があるのだそうである。

ついにマルコ・ポーロの酒を飲む

実を言うと、前述の『アスカ諸国固有醗酵食品ハンドブック』には、インドネシアの酒としてトゥアク（ヤシ酒）の他にブレムとチウの二種類があげられていた。チウは糖蜜を原料とする蒸留酒と述べているだけで、インドネシア内の産地について記載がないが、ブレムは「米から醸造されるバリ島の酒」と書いてあった。つまり、バリ島にはヤシ酒と米からつくった酒の双方が存在することになる。このことは、デンパサール空港に着いて間もなく確かめられた。

ブレムを探すのはしごく簡単であった。空港の売店を通りがかりに見ると、ブレム・バリのレッテルを貼った瓶や壺が土産品として並んでいる。ブレムがバリ島の地酒として大々的に売りだされているのは明らかであった。売店の女性に「ヤシ酒はないの?」と聞くと、キョトンとして反応がない。ヤシ酒はブレムほど一般的ではないらしい。しかし、クタのホテルまで乗ったタクシーの運転手に聞くと、「田舎の方にゆけばいくらでもつくっていますよ」と答えてくれた。さらに「ココヤシの酒ではなく、サトウヤシの酒が見たい」と念を押すと、「両方ともある」と言う。いずれにしても、バリ島でヤシ酒を味わう見込みは十分にある。

米の酒ブレム

中一日おいた朝七時前、ベッドでボンヤリしていると、フロントから電話がかかってきた。ヤシ酒トゥアク見物の迎えがきているとのこと。急いで身支度をしてロビーにでると、一昨日依頼したタクシー運転手とは違う若い男が立っている。まるで少年とも言えるほど若い。しかし、一昨日の運転手より英語がうまい。おそらく、そのような関係で代理を頼まれたのであろう。私にとっても、その方が好都合だ。名前を聞くとイプタ君と言う。とにかく急いで朝食をすませ、家内を連れて自動車に乗った。

ココヤシの酒とり（円内は仕掛けた竹筒部分の拡大）

ほんの一〇分ほど走り、しごく簡単にデンパサールの街外れに連れてゆかれた。

「ここですよ」

と言われて車を降りると、かなり背の高いココヤシ林の前で、樹冠を見上げると竹筒が仕掛けてある。

ヤシ林の傍の家をのぞくと、酒の香りがするポリタンクが雑然と置いてある。ヤシ酒とりの現場であることは確かであった。しかし家の中にも樹の上にも人の気配がない。待っていれば主人が帰ってくるとイプタ君は言うが、私のバリ島における本命はあくまでもサトウヤシの酒であった。どうも、一昨日依頼した運転手からの連絡が良くなかったらしい。私は改めてイプタ君に、サトウヤシの酒とり現場を見せて欲しいと強調した。

イプタ君が請け合ってくれた通り、デンパサールから北に二〇キロほどゆくと、バドゥンという部落があり、そこ

サトウヤシの酒とり
（円内は採液している部分の拡大）

酒とり用のバケツ
（ヤシ殻繊維の塊が入っている）

では本当にサトウヤシから酒をとっていた。道路のすぐ傍に採液中の樹があったので写真を撮っていると、その家の若者が「隣家でもとっているよ」と、案内してくれることになった。裏の雑木林を通って隣家の屋敷に入ると、数本のサトウヤシがあり、ちょうど、その家の息子が一本の樹から液を降ろしている。案内の若者が説明し、イプタ君が英語に通訳してくれる。一日一回朝の採液で、一本の花序から約六カ月間採液できるとのこと。

降ろしたプラスチックの容器を見ると、泡立った液が五～六リットルもあろうか。タワシ状に丸めたココヤシ殻の繊維塊が二個入っている。たずねると、ラウと呼ばれるもので、トゥァクを美味しくする効果があるそうだ。おそらく酵母の継代に役立っているのであろう。家の方から若い娘がトゥァクを運びにでてきた。やっとたどり着いたのだから、どうしてもトゥァクを一口飲んで帰りたい。イプタ君に頼んでもらうと、こころよく家に招じ入れてくれた。

家の前庭に回ると、ベランダのテーブルには父親がすでに座っている。間もなくさきほどの娘が瓶に入れたトゥァクをガラス・コップといっしょに運んできた。コップに注がれたトゥァクを見ると、きれいに濾過してある。鶏肉とココヤシの果肉を練って竹串に巻いた竹輪のようなご馳走も出て、イプタ君、隣の若者、それに樹に登っていた息子も加わって、ちょっとしたパーティーになった。すすめられるままに期待のトゥァクを口にすると、スリランカで飲んだキトゥルヤシのトディに似て美味しい。酸味に嫌味がなく、かなり上質の濁酒をリンゴなどの果汁で少々薄めたといった感じ

ヤシ酒を前に記念撮影、右から二人目が主人、左端が運転手

ご馳走

だ。匂いにも、悪臭めいたものはまったくない。

こうして私は、ついにマルコ・ポーロが最初に飲んだのと同じヤシ酒に到達したことになる。ポーロはセイロン（スリランカ）のヤシ酒についても『東方見聞録』で触れているが、彼が最初に遭遇し、その不思議な醸し方を詳しく述べているのは、このサトウヤシの酒である。感無量であった。ゆっくりと味わって飲んだつもりであるが、コップはすぐに空になった。娘がまた注いでくれる。また飲む。酔いが急速に回るのが自分でもわかった。それにしても、せっかくのヤシ酒を樹上で受ける容器が、壺でもなければ竹筒でもなく、プラスチックのバケツとは無粋に過ぎる。それを酔いの勢いもあって愚痴ると、息子は立派な採液用の竹筒を出して見せてくれた。

サトウヤシの酒とり用竹筒

さっきから考えているのだが、この息子は親孝行の鑑《かがみ》だ。このあたりではとれた酒は売らずに、全部を自家消費に当てている。つまり、息子は毎日親父のために滝ならぬヤシの樹に登っているのだ。「まさにバリ版養老の滝ではないか」と私は感じ入った。それこそ「汲めども尽きぬヤシの酒」だ。

それはそうと、この家には母親の気配がぜんぜんない。代わりに娘がまめまめしく父や兄の世話を焼く。「母親は亡くなってしまったのであろうか？」と想像する。やもめ親父に仕える孝行息子と孝行娘、そして隣家の親切な若者、まるで民話の舞台そのものではないか。あれやこれやの想いが酔った頭の中を駆け巡る。

家内に促され、私はやっと土産のトゥアクを一瓶抱えて辞去した。

クタに引き返し、街の中を走っていると、イプタ君が

「ココヤシのトゥアクを売っていますよ」

と言う。指差された方を見ると、大衆食堂の店先に、カルピスのような液体の入ったコカコーラの瓶が数本並んでいる。一本の値段が日本円にすると約三〇円。その店では飲まずに持ち帰りを頼むと、中味をポリ袋に移されたのでビックリ仰天。バリ島ではガラス瓶がまだまだ貴重品なのだ。

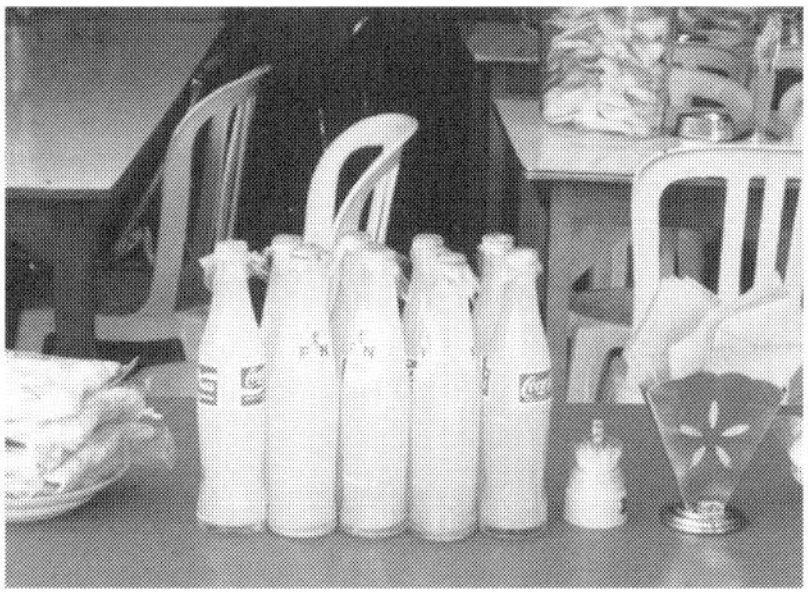

コカコーラの空瓶に入ったココヤシ酒

ホテルで昼飯を食べながら飲んでみたら、義理にも美味しいとは言えない。酢酸味が強く、しかも妙に甘いのだ。量を増やすために、砂糖と水を大量に加え、追加醗酵をさせているのであろう。半分も飲まずに捨ててしまった。それにしても、午前中に飲んだ本物のトゥアクはあまりにも美味しかった。

午後はデンパサールの中央市場を見物するなどゆっくりと過ごし、有名なクタ海岸の落日見物をしてから、私たちは大いなる満足感を抱きつつ空港に向かった。イプタ君が最後の最後までつきあっ

てくれたのは言うまでもない。

スマトラ島のヤシ酒

先述したように、マルコ・ポーロが初めてヤシ酒を飲んだスマトラ島にゆくことはできなかった。しかし、今でもヤシ酒を飲んでいる一部の民族に関して、池上らの報告がある（池上重弘・M・マナル「インドネシア、トバ・バタック社会におけるヤシ酒の社会的・文化的位置づけ」、食文化助成研究の報告8、一九九八年一一月）。その報告における主として技術的な記述部分の抄録を以下に掲げる。

「トバ・バタックは、インドネシアのスマトラ島北部、トバ湖周辺の内陸高地で主に水稲耕作を営む民族集団である。一九世紀後半以降進められたドイツのライン伝道協会による布教活動の結果、今日ではほとんどのトバ・バタックがキリスト教徒となっている。

インドネシアの人口の大半を占めるイスラム教徒は宗教的理由から飲酒を控えるが、キリスト教徒の多いトバ・バタックの間ではヤシ酒を独自の飲酒文化が根付いている。一日の仕事を終えた男性たちがヤシ酒飲み屋に集まって飲む酒というだけでなく、通過儀礼における儀礼要素の一部としてもヤシ酒は欠かせないのである。

トゥアックと呼ばれるトバ・バタックのヤシ酒は、サトウヤシの樹液を利用して作られる。サトウヤシの雄花軸を切った部分からにじみ出る糖分の多い液を集めて煮詰めると黒砂糖ができるが、この液には自然の酵母が多く含まれているため、醗酵してヤシ酒になるのである。都市に住むトバ・バタックはココヤシの樹液から作られたヤシ酒をトゥアックと称して飲むが、トバ・バタック社会においてトゥアックと呼ばれるのは、本来はサトウヤシから作られたヤシ酒である。

ヤシ酒職人は毎日朝と夕、採集作業中のサトウヤシを回る。樹液の回収は朝だけだが、夕方にも花軸の切断面が乾燥しないようにノミで薄く切る必要がある。朝の樹液回収時は、前日の樹液を酵母として用いるため、樹液を溜めるポリタンクにグラス一杯分ほどの樹液を残しておく。さらにトバ・バタック語でラルと呼ばれる樹皮を砕いて入れておく。樹液をアルコール分を含んだヤシ酒にするには、ラルを入れることが必要だと考えられているからである。また、ラルを入れることで樹液が醗酵しすぎて酢になることを防ぐことができると述べるヤシ酒職人もいる。ラルの学名を確認できなかったが、海岸部に生えている木の樹皮であるということと、ココヤシの樹液からヤシ酒を作る場合、ヒルギ科の植物の一種が用いられる場合があることから、ラルも一般にマングローブと総称されるヒルギ科の植物の樹皮である可能性が高いと考えられる」

以上、池上らの報告の一部を引用した。これで見る限り、スマトラ島のヤシ酒づくりも、ジャワ島のヤシ糖づくりやバリ島のヤシ酒づくりと基本的に違わないと言える。ただ、少々気になるのは、キリスト教改宗前のトバ・バタックの宗教だが、イスラム教ではなかったように思える。もしもイスラム教であったら、そう簡単に飲酒文化に回帰するとは考え難いからだ。また、「花軸（花序）の切断面が乾燥しないようにノミで薄く切る」と述べているが、この研究報告が民俗学的ものであることを考慮すれば、このような見方もまたやむを得ないであろう。

タイのヤシ酒

タイでもココヤシをはじめパルミラヤシなど、ヤシ類の栽培が盛んだ。ヤシ酒のないはずがない。かつてスリランカに勤務したとき、往復の途中でバンコクに寄ったことがある。その折、タイで勤務している熱帯農業研究センターの同僚たちにヤシ酒についてたずねた。しかし、「聞いたことがないね」という返事であった。信じられないことである。スリランカ勤務が終わって帰国してからも、タイでの生活経験者に会うと必ず、このことを話題にしてみた。やがて、『ソーイ・トーン』（ニミット・プーミターウォン著、野中耕一編訳、井村文化事業社）という本を貸してくれる人がいて、「ヤシ酒のことが少し載っていますよ」と教えてくれた。タイの農村を舞台にした小説集で、本文に登場する酒は米からの密造酒らしいが、訳注に「原文のガチェーは本来砂糖ヤシの棕櫚酒（しゅろざけ）のことであるが、一般には米から造った酒のこともこう呼ぶ」とある。これでタイにもヤシ酒のあることははっきりしたが、昨今は米からつくる酒の方が一般的であることも推察された。

これらのことを確かめるために、インドネシアを訪れた後、バンコクにも寄ることにした。ちょうど、古くからの友人上野義視さんが勤務している。上野さんのタイ勤務は通算すると十年に及ぶ

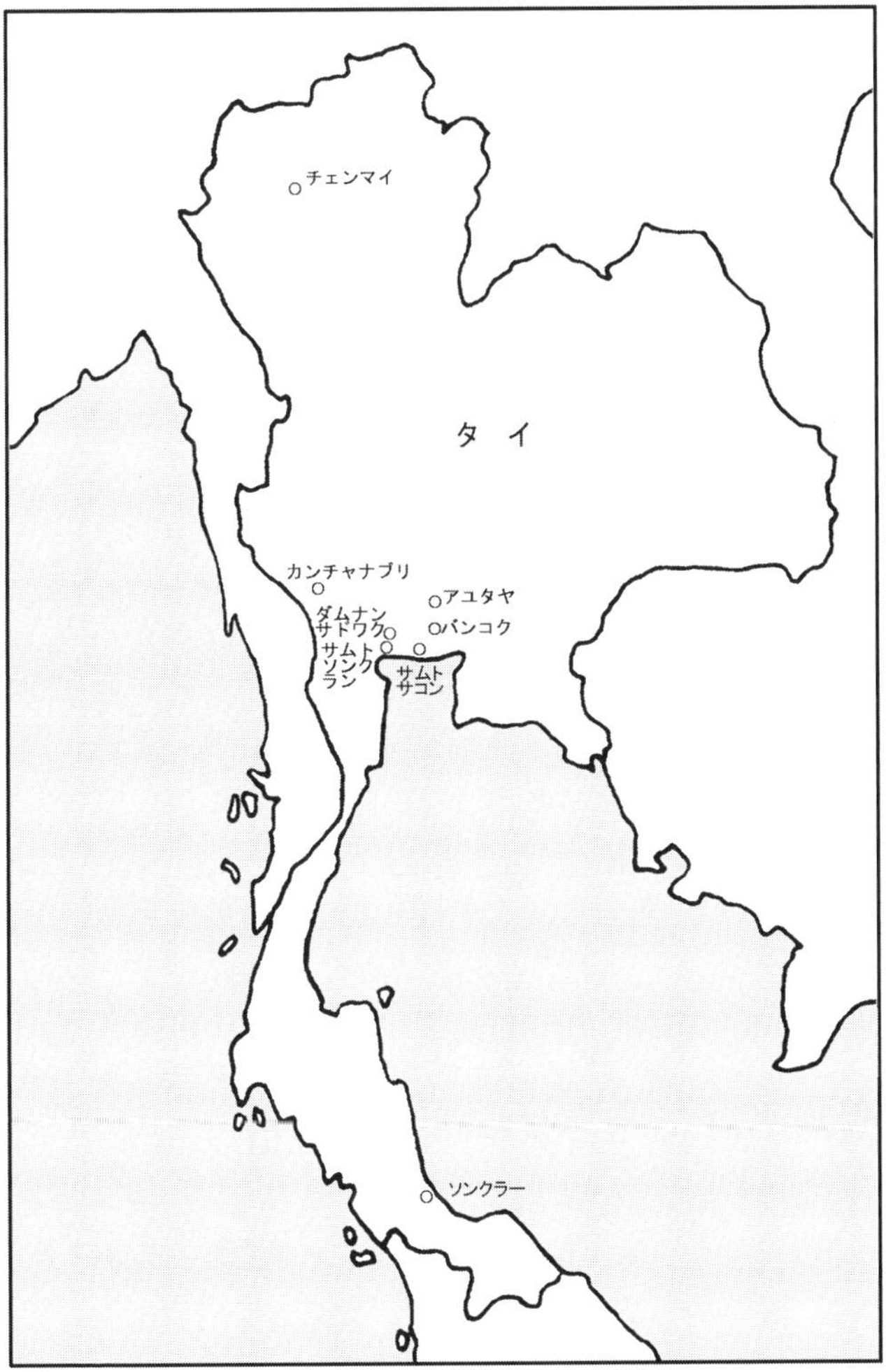

タイの地図

のではなかろうか。タイ語に堪能で、タイの世情にもきわめて明るい。

　さっそく、ヤシ酒を話題にしてみた。だがやはり、

「ヤシ酒のことは耳にしないね。ヤシ糖ならたくさん売っているけれど」

と言う。しかし、上野さんはまったくの下戸である。酒に対する無関心が耳を閉ざしていることもあり得る。なおも食い下がっていると、

「じゃあ、チャカマス女史に聞いてみよう。彼女は美人だけど本物の学者だよ」

ということになった。ウオンカラウン・チャカマス女史はカセトサート大学の食品開発研究所の副所長で、日本に留学したこともある醗酵食品の専門家である。一九八六年一〇月に『タイ国およびアセアン諸国などにおける醗酵食品』の題で英文レポートを書いているから、その別刷をもらえ、というのが上野さんのアドバイスであった。

　研究所の副所長室を訪ねると、上品な婦人がにこやかに迎えてくれた。英語が流暢。挨拶もそこそこにヤシ酒事情を聞くと、

「ヤシ糖製造は盛んだけど、ヤシ酒はあまりつくりませんね、タイのお酒はお米からの醸造が主流と見てよいでしょう」

とのことであった。私がスリランカにまたゆくつもりだと話すと、

「ヤシ酒は要らないけど、セイロン紅茶を忘れないで下さいね」

と冗談を言う。

「もちろんですよ。茶釜《ティーポット》にお湯を沸かして待っていて下さい」

「日本の人はみんな私の名前を茶釜にしてしまうのね」

地位がある人なのに、茶目っ気も結構ある。

チャカマス女史のレポートは南方諸国の醱酵食品を網羅しているので、とても参考になる。一二五ページのタイプ印刷で、全ページとも表やフロー・チャートだけで構成されているが、簡にして要を得ている。ヤシ酒の一覧表を探すと「果実および野菜」の項の第一にあげられていて、製造過程のフロー・チャートも載っていた。それらを訳して以下に示す。

世界のヤシ酒

一般名　ヤシ酒（パーム・ワイン）

製品の特性　甘い弱アルコール性液体

主用途　嗜好飲料

原料　ヤシ樹液

主要生産国とその国における名称

タイ　ナンタンマオ

スリランカ　トディ、ラー、パナム・クルー

マレイシア　トディ、トゥアク、ニラ、ニヴァ、カル

フィリピン　トゥバ（ココヤシより）

インドネシア　トゥアク

インド　　カル
エクアドル　チョンタルル（チョンタヤシより）
ナイジェリア　エムまたはオゴゴロ

ココヤシ酒の製法

ココヤシの樹
↓
適当な花序の選択
↓
鋭利なナイフで先端から一〇～一五cm切除
↓
断端を四～五mm切除（三～五日間、一日一回）
↓
樹液流出
↓
樹液を竹筒に受ける（樹液の流出を確保するため、断端を一日二回約四mm切り戻す）
↓
醗酵樹液
↓

濾過
↓
ナンタンマオ

タイには、砂糖ヤシからとるガチェーの他に、ココヤシの樹液を醱酵させたナンタンマオと呼ばれるヤシ酒もあるようだ。

上野さんによると、タイで砂糖ヤシというと一般にパルミラヤシを指すので、ガチェーをとるのも和名でいうサトウヤシ *Arenga pinnata* ではなく、パルミラヤシであろうとのことである。いずれにしても、ヤシ酒は都会で目立つ存在ではないから、日本人の関心も呼ばなかったのだ。特に完全な下戸である上野さんにとっては無用の長物であるに違いない。

タイのヤシ糖

上野さんが市場へ連れていってくれた。相当に大きな市場で、農業共同組合のような組織が経営しているらしい。正式の名称はそのことを示すオンカーン・タラートプァ・カセッタコーンであるが、略してオトコ・マーケットと呼ばれている。野菜、果物、魚、肉、乾物、穀物、調味料、何でも売っていて、とても面白い。ヤシ糖があったので買った。直径五センチほどのカタツムリ形に固めてあり、ポリ袋に一〇個くらいずつ入っている。色がかなり白く、かじると白砂糖に近い味がする。

右：タイのヤシ糖（カタツムリ形）
左：スリランカのヤシ糖（半球形）

ヤシ酒には無関心な上野さんもヤシ糖については詳しい。タイにはヤシ糖のおもな産地が二箇所あるそうだ。一つはバンコクから西南に三〇～六〇キロいったサムトサコンやサムトソンクランあたりのココヤシ園、もう一つはマライ半島をずっと南に下ったソンクラー近辺のパルミラヤシ栽培地帯だ。

ココヤシからとった糖は、カタツムリ形やレンズ形など小さく固めたもののほか、一八リットルの石油缶に入れて固めたものもある。パルミラヤシの糖は、直径四～五センチ、厚さ約五ミリの円盤状に固めてある場合が多い。どちらもサトウキビからとったふつうの白砂糖より三～四割も高価であるが、独特の風味があり、タイ料理には欠かせない調味料だ。有利な商品として農村の重要な換金産物になっている。ココヤシの場合は、ヤシ園として比較的大きな規模で一貫生産されることが多い。パルミラヤシの場合は、採液職人が複数農家の樹から採液し、それをヤシ糖製造の専業農家に売り渡す形態をとっていることが多いようである。

ココヤシが年間を通じて採液可能であるのに対し、パルミラヤシは開花期が限られていることもあって、一～七月の乾期にだけ採液される。パルミラヤシの花序は採液前に木製のペンチで潰す処理が行われるが、これもココヤシとは違う。ココヤシもパルミラヤシも、朝夕の二回、樹に登って樹液を降ろす。樹液を受ける容器はかつてすべて竹筒であったが、最近はアルミニュームやプラスチック製の缶を用いることが多い。容器には、樹液が変質するのを防ぐため、ある種の樹皮を砕いて入れておく。樹の登り降りは、枝を少々残した竹竿を幹に縛り付けて梯子にする。ココヤシでは、樹と樹を綱とか竹竿で連結し、それを伝わって採液職人が移動することもある。

上野さんの話は、私がスリランカで見てきたココヤシやパルミラヤシの酒とりの状況とほぼ一致した。違っているのは、樹液の醗酵防止に、ある種の樹皮を用いることだけぐらいである。さすがの上野さんも、その樹種などについては説明してくれなかったが、チャカマス女史のレポートを見直すと、幸いにも次の四種が記載されていた。

マイ・パヨム *Shorea floribunda*
マイ・キアム *Cotylium lanceolatum*
マイ・マグルール *Diospyros mollis*
マイ・タケアン *Hopea adorata*

四種とも、いわゆる南洋材をとる樹種と属名は一致するが、マイ・マグルール（タイコクタン）以外は詳しいことがわからない。樹皮に何かしらの抗菌物質を含んでいるのだと思われるので、そのうち調べてみたい。

ヤシ糖とりの現地調査を兼ねて、ダムナン・サドワクの水上市場見物にゆくことにした。

バンコクを早朝に発ち、国道三五号を海岸線に沿って南西に走る。塩田やエビ養殖場の広がる地

採液中のココヤシ園、梯子用の竹竿が見える（ダムナン・サドワクにて）

域を過ぎると、やがてココヤシが増え、ニッパヤシの群落も見えるようになった。ヤシ糖の産地サムトサコンである。しかし、国道からは樹液採取の風景などぜんぜん見えない。

サムトソンクランで右折すると、間もなくダムナン・サドワクに着いた。走行距離は約八〇キロ。運河に面した船つき場には、観光客目当ての大きな建物があって、なかに土産物屋がたくさん入っている。そこから直接舟に乗ることもできる。船着き場に立って水路を見ると、野菜や果物を満載した手漕ぎ舟が往き交い、その間をエンジンつきの舟がけたたましい音を立てて走り抜ける。日本から輸入した中古車のエンジンだ。何もかにもに東南アジア独特の逞《たくま》しさがみなぎっている。食器を水路の水で洗っていることには目をつぶって、私たちも、そのうちのタイ料理屋の舟に、ラーメン様のどんぶりを一杯ずつ注文することにした。

腹ごしらえのすんだところで、一そうの観光手漕ぎ舟に乗った。まずヤシ糖づくりの所にいってくれる。上野さんの、私に対する好意だ。縦横に連なる水路の両側はほとんどがココヤシ林である。とある桟橋に舟が着くと、そこが製糖場であった。

ほかの数艘の観光客といっしょに上陸。奥のヤシ林を見ると、竹の梯子を縛りつけた樹がたくさんある。まだ若いので概して丈が低く、一〇メートルほどしかない。桟橋の横が屋根がけの広い作業場になっていて、かまどに樹液を入れた大鍋がかかっている。空の採液容器が一〇個近くあり、煮詰め作業が始まったばかりの様子である。台の上にポリ袋入りのヤシ糖が積んであった。レンズ形で、色がほとんど真っ白だ。樹液だけを煮詰めたとはとても思えない。おそらく、市販のサトウキビからとった白砂糖を混ぜているのであろう。

製糖用の大鍋

ダムナン・サドワクを後にしてカンチャナブリへ回った。有名なクワイ河の「戦場にかける橋」の所在地である。河

採液用の容器と製品のヤシ糖

の傍のレストランで昼食。食事がすんでから、鉄橋を徒歩で渡ったり、当時の蒸気機関車C五六を見物したりしてしばらく遊ぶ。カンチャナブリを離れる前に、日本側の慰霊塔や連合国軍共同墓地に詣でることを忘れてはならない。

帰りは国道四号を通った。この道は内陸部を走る。広い平原のあちこちに、数本のパルミラヤシの姿が見えた。掌型の葉が示す特徴のあるシルエットは、どんなに遠くてもそれとわかる。「ああいう樹からも砂糖をとっていることがあるよ」と上野さんが気を遣ってくれた。パルミラヤシの果実はごく若いもの以外そのままでは食用にならないし、雄株はほんらい果実がならない。樹液をとった方が利口だ。そんなあんなで、タイの人々はパルミラヤシを砂糖ヤシと呼んで利用しているのであろう。

ヤシ樹液の変質防止

花序の切口から滴下したヤシの樹液は、ただちに各種の微生物と接触する。ヤシ酒をつくるのなら、それらの微生物が増殖するままに放置してもよいが、ヤシ糖製造のためには、それらの増殖を防がなければならない。微生物が増殖すれば樹液中の糖分が減少したり、蔗糖がブドウ糖と果糖に分解して、製品の収量や品質が著しく低下する。蔗糖がブドウ糖と果糖になると、濃縮しても固化しないのである。そのため、樹液に微生物が増殖するのを防ぐ工夫が古くからいろいろとなされてきた。

採取する樹液に微生物が入る経路は二つある。一つは採液に使う容器である。一度採液に用いた容器には、前回の採液中に増殖した微生物が多数残っている。その容器を引き続いて使用すると、新しい樹液における微生物の増殖ははなはだ速いから問題である。樹液を降ろすたびによく洗って乾かしたものと交換しなければならない。土器であれば火で焼き、竹筒などであれば薫煙すれば、積極的に殺菌することも可能だ。微生物が樹液に入り込むもう一つの経路は、環境からの飛び込みである。採液が開放条件で行われるので、たとえ殺菌した容器であっても、樹液それ自体に何らかの手段を講じなければ、遅かれ早かれ溜まった樹液で微生物の増殖が始まり、糖分の変化や損失が起こる。ただし、サトウヤシやキトゥルヤシのように樹液の流出量が非常に多いと、しばらくの間液量の増加が飛び込みによる微生物の増加を上回るから、朝夕こまめに樹液を降ろせば、そのままでも実質的には差し支えないこともある。この場合には、容器を殺菌する効果が明瞭に表れる。

ココヤシやパルミラヤシなどでは、樹液中で微生物が増殖するのを抑えるため、抗菌性があるといわれる植物の樹皮、葉、根などをあらかじめ採液容器に入れておく方法が、広く一般に行われている。ビルマ、カンボジア、インドネシア、スリランカ、タイなどで、それぞれの国の各種植物が利用されているが、フタバガキ科植物の樹皮、ウルシ科植物の葉などの例が多い。樹皮の場合、ポリフェノール性物質が効果を示すと考えられているが、すべての微生物の増殖を抑えるのではなく、相性（選択性）がある。容器の薫煙は、直接の殺菌効果だけではなく、煙の成分による微生物の増殖抑制効果もあるであろう。

石灰を容器の内面に塗布する方法も古くから行われている。石灰によって樹液のpHを九～一〇に上昇させれば、微生物の増殖は確実に遅くなる。樹液一〇〇グラム当たり酸化カルシウムにして〇・五五グラムが適量である。そのほかの化学物質の添加には食品衛生上の配慮が必要であるが、ホルマリンの使用が有望視されている。樹液一リットル当たり市販のホルマリンを五ミリリットル加えれば、ほぼ確実に微生物の増殖を抑え、しかも樹液の濃縮過程で完全に蒸発除去できる。ちなみに、アメリカやカナダの楓糖《かえでとう》では、採液のとき、パラホルムが使用されている。

いずれにしても、ヤシ糖をつくるのならば、樹から降ろした樹液はできるだけ早く加熱処理を始めて劣化を防ぐ。煮沸によって殺菌するとともに、いくらかでも濃縮して糖濃度を上げておけば、最終製品にまで処理しなくても、しばらくの保存が可能である。事実、南タイやカンボジアでは、パルミラヤシの樹液をいったん煮沸してから甕に蓄え、時期をみて製品に仕上げる場合がある。

フィリピンのヤシ酒

フィリピンは世界一のココヤシ栽培国で、ヤシ油（アブラヤシからとる、いわゆるパーム油を除く）の世界一の輸出国である。少々古い統計であるが、一九六五年のココナッツの生産量は一四七万トン、第二の生産国であるインドネシアにおける一九六〇〜六一年の生産量が一一四万トンていどであるから、群を抜いていると言える。そのフィリピンでヤシ酒がつくられていないはずはない。なにしろ、花序を切って滴下する樹液を集めさえすれば酒になるのだ。ヤシ酒づくりが自然発生的に存在しない方がむしろおかしい。それに加えて、現在のフィリピンには飲酒に対する宗教的な制限も少

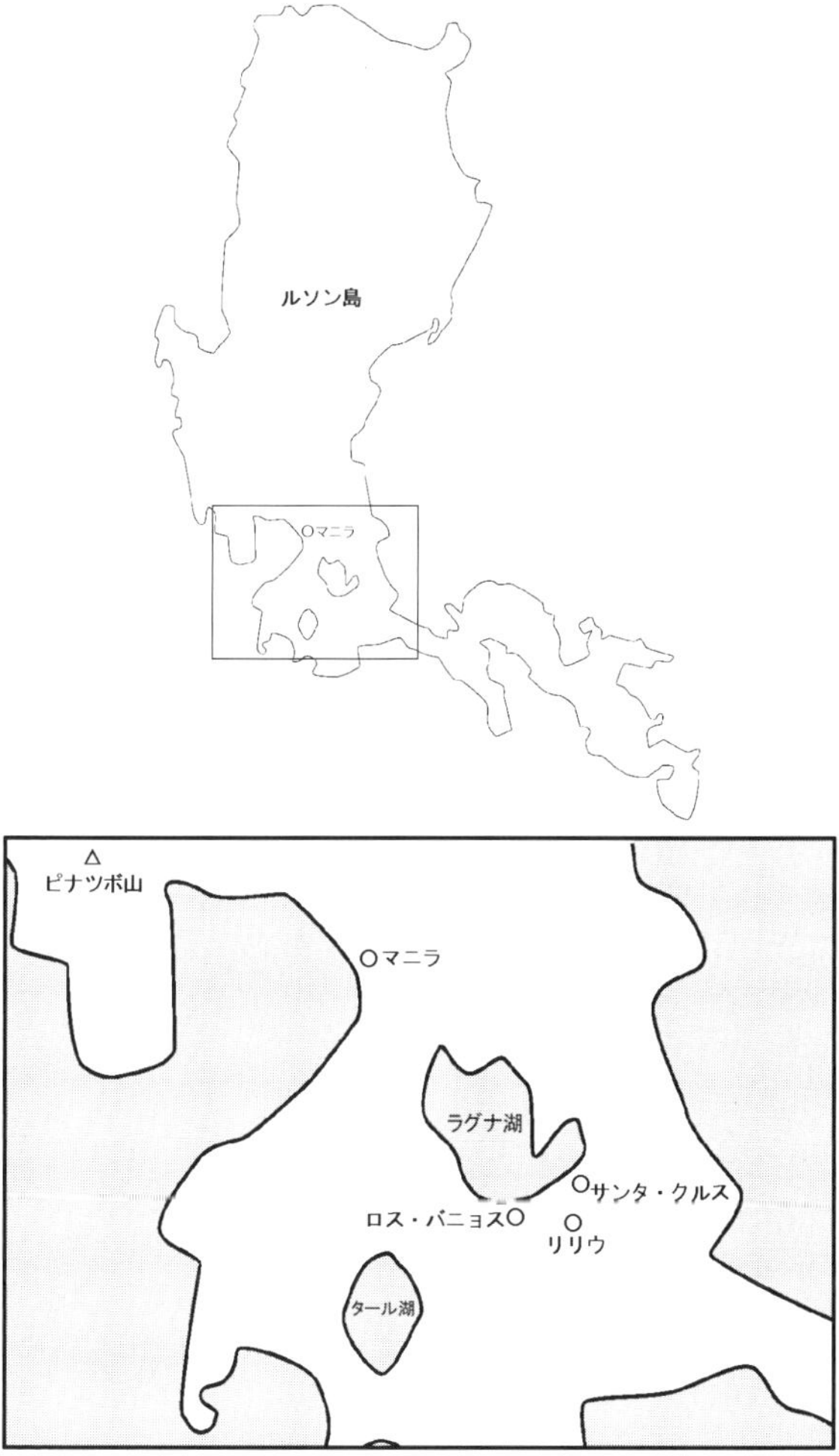

フィリピン　ルソン島マニラ周辺の略図

ない。事実、インドネシアで手に入れた前出の『アスカ諸国固有醗酵食品ハンドブック』に、フィリピンのヤシ酒としてトゥバとランバノグが記載されていた。

しかし、フィリピンは総面積約三〇万平方キロで、日本よりやや狭いが、七千あまりの島からなる。いくらヤシ酒があるに違いないと言っても、どの島のどのあたり、という情報もなしに、ただあてずっぽうに初めての国へゆくのは無謀過ぎる。世界一のココヤシ栽培国のヤシ酒事情をぜひ見てみたいと願う希望は、なかなか実現しなかった。

そうこうしているうちに、知人から昭和女子大学教授小崎道雄博士を紹介され、お目にかかる機会があった。教授は、フィリピンを中心とする東南アジアの醗酵食品について、長年研究を続けてこられた。ヤシ酒に関しても、ルソン島、レイテ島、ボホール島の各地で試料を採集し、その醗酵微生物を研究されるなど、造詣が深い。

お話によると、酒を目的とする採液はフィリピンのココヤシ栽培地で普遍的に行われ、同じ目的でニッパヤシもよく利用される。醗酵酒は、とった直後がトゥバ、二〜三週間熟成するとバハル、一カ月以上経っとバハリナと名称が変化する。樹液の醗酵を安定にするため、採液する竹筒にマングローブの樹皮を入れる場合があり、そのトゥバは淡い茶褐色である。トゥバは、そのままでも飲まれるが、大部分は蒸留してアルコール分が四〇％前後のランバノグにされる。ランバノグは流通経路に乗って都会でも販売されている。いずれにしても、ヤシ酒は決して高級酒とは言い難いが、比較的低所得層に親しまれている重要な飲物だとのことである。

フィリピンはスリランカと違って国土が広いうえ、私にとって不案内な土地だが、好都合なことに、最も大きなココヤシ酒産地の一つであるラグナ州リリウは、首都マニラの南東約八〇キロにあり、自動車で日帰りも可能だそうである。そしてまた教授は、ヤシ酒の共同研究者であるフィリピン大学ロスバニョス校食品科学技術研究所教授のプリシラ・サンチェス博士と助教授のエルリンダ・ディソン博士を紹介して下さった。リリウはロスバニョスのすぐ近くである。

ヤシ酒の産地がマニラから比較的近い所にあるということで、私のフィリピン取材は急に実現性を帯びてきた。かつてタイのバンコクでお世話になった旧友の上野義視さんがマニラに転勤し、遊びにこないかと言ってくれていたのである。上野さんを頼って自動車が借りられれば、ロスバニョスにもリリウにもゆける。少なくとも一箇所は、ヤシ酒の産地を見ることができそうだ。私はサンチェス博士に手紙を書くとともに、上野さんにも連絡した。

間もなく双方から親切な返事がきた。しかし、残念なことに、上野さんの都合のよいときにサンチェス博士は海外旅行中とのことであった。いろいろと考えたすえ、私は上野さんの都合に合わせることにした。サンチェス博士は留守でもディソン博士が面倒を見てくれるそうだし、効率的に現地調査をするために、自由に使える自動車は欠かせないと判断したからである。

ヤシ酒は高級スーパーにない

一九九五年二月二七日午前九時四五分、成田国際空港を定刻に飛び立った日航機は、約四時間半の飛行で定刻より少し遅れて現地時間の午後一時半、無事ニノイ・アキノ国際空港に着陸した。上

スーパー・マーケットに並ぶ高級洋酒（ヤシ酒は全くない）

野さんが親切に出迎えてくれる。上野夫人は一時帰国中で、私も今回は家内を伴わず一人旅だ。空港からホテルに直行したが、いずこも変わらぬ交通渋滞。大した距離ではないのに結構時間がかかった。今後の行動の細かい打ち合わせは、夕食を一緒に食べながらすることにして、上野さんは慌ただしく勤務に戻っていった。

シャワーを浴びてから、少々ホテルの周囲を歩いてみた。この辺りはマカティ地区といって、マニラでも第一級のビジネス街であり、高級住宅街でもある。そのせいか街並みは美しく、歩いている人々の服装も整っている。日本から着いたばかりなのに、違和感がまったくない。デパートに入っても東京にいるのではないかと錯覚しそうである。スーパーに積まれている品物の種類や量の豊富さは、目を見張るほどだ。

そんなスーパーの一つで、私はヤシ酒の有無をたずねた。無数の高級洋酒の瓶がズラリと並ぶ棚の前で

「置いていません」

と店員の答はニベもない。私は改めてランバノグの名を口にしてみた。しかし答は同じであった。思っていた通り、ヤシ酒はマニラのマカティ地区にはあまり似つかわしくない酒のようである。ス

リランカでは、どんな高級酒屋にもアラックの瓶が置いてあったし、一流ホテルのバーでアラックの名を口にしてケゲンな顔をされることもなかった。

夕食の後、ひとしきり雑談がすむと、上野さんが

「マニラにも日本語新聞があってね、少々前のことなんだけれど、こんな記事が載っていたよ」

と一九五年二月二〇日付の『共同ニュースデイリー』を手渡してくれた。

ココヤシ樹液から高品質アルコール飲料を

フィリピンココナッツ省とフィリピン大学ロスバニョス校関係者は先頃、ココナッツ樹液からココワインやココシャンペンなど高品質アルコール飲料を地元農民と協力して研究開発していこうという合意書に署名した。当局担当者はまた、研究は自然との共生を目指し、かつ製品は国際競争力のあるものにしたいと話している。

（一五日・バリタ）

新聞は全部で六面。その第五面にマーカーで囲んだ問題の記事があった。このような記事がでること自体、現在のところ、フィリピンの人々がヤシ酒を高級酒とは程遠いと思っているし、この記事を書いた記者自身があまり親しみを持っていないことを示している。上野さんの意図とは違った意味で、私には納得のできることであった。

それはとにかくとして、上野さんは勤務先で私の調査について彼の共同研究者であるレイナル

ド・パリス博士と相談してくれていた。有り難いことに、パリス博士の親戚に、フィリピン大学で醱酵食品の研究をしている女性がいるそうである。その女性の名前を聞くと、何とエルリンダ・ディソン博士！　日本で小崎博士が紹介して下さった研究者である。この一致が偶然なのか必然なのか私にはわからない。しかし、いずれにしても私にとって願ってもない幸運であった。

ヤシ酒の産地ラグナ州リリウ

翌朝七時半、上野さん、パリス博士、私、それに運転手の四人は、ヤシ酒の産地ラグナ州のリリウに向かってマニラを出発した。ロスバニョスはリリウにゆく途中だ。食品科学技術研究所に寄ってディソン博士を拾うことになっている。

二時間ほど走り、研究所に着いた。ディソン博士は気さくな明るい人で、初対面の堅苦しさをまったく感じさせない。車は少々きゅうくつになったが、和気あいあいとした話題に満ちた。彼女は東京農業大学で博士号をとった人なので、日本の事情にも詳しい。そしてまた、小崎教授のお弟子さんでもある。しばらく日本語まじりの賑やかな会話が続く。いつの間にか道の両側にココヤシ林が続くようになった。

大学から一時間も走ったであろうか、やがて車は一軒の屋敷の前で止まった。道に面した建物の一部が瓶詰めのコカコーラなどを売る店になっていて、その軒下に「純正ランバノグ売ります PURO LAMBANOG FOR SALE」と書いた小さな看板が吊り下がっている。やっとフィリピンのヤシ酒産地に到達したらしい。

見上げると、高さ二〇メートル以上のココヤシの樹に、竹竿が張り巡らされている。竹竿は、間隔七〇〜八〇センチの平行する上下二本が一組で、樹冠の少し下で樹と樹を次々に連結しているのだ。よく見ると、各樹冠部にはそれぞれ一〜三本の竹筒がかかっている。また、ところどころの樹の幹には、足掛けの刻み目がある。ココヤシの樹液を採取しているに違いない。

高い樹にたびたび登り降りするのは非能率なので、樹か

蒸留ヤシ酒を生産販売する店

幹を竹竿で連結したココヤシの樹

ココヤシの幹と竹竿の連結部

ら樹へは竹竿を伝わって移動するのであろう。そう思って見ると、移動のとき、下の竹竿に乗り、上の竹竿を手摺にするように、上下の竹竿は幹を挟む反対側で結びつけられている。無意識のうちにスリランカの樹液とり風景と比較する。基本的にはまったく同じだ。違うのは、竹竿がヤシ殻繊維のロープ、竹筒が素焼きの壺、幹の刻み目がヤシ殻製の足掛けだったぐらいである。スリランカでは、ヤシの幹に傷をつけるのは法律で禁止されていた。

採液用竹筒

何枚かの写真を撮って、屋敷の中に入ってゆくと、屋根だけの作業場がある。三〇～四〇個のプラスチック容器（ポリタンク）が置いてあり、その傍でディソン博士やパリス博士が家の人たちと話し合っている。タガログ語なので私にはわからない。しかし、私が質問を始めると、会話は英語になった。

樹液の採取は、契約した専門の職人が一日に一回、各ヤシ園を順繰りに巡ってくる。この家で採液しているココヤシの樹は七〇本。一日にとれる樹液の量は約九六リットルで、六ガロン入りポリタンクにして四本になるそうである。それを単純に計算すると、ココヤシ一本一日の採液量は一・三七リットルになり、だいたいスリランカの場合と同じだ。樹の上から降ろした樹液はすでに醗酵し、トゥバと呼ばれる酒になっている。自家消費を別にすると、トゥバをそのまま飲むことは比較的少なく、大部分は三日以内に蒸留してランバノグにするが、この家には蒸留器があり、近隣のヤシ園でできるトゥバも集めて処理しているとのこと。六ガロンのトゥバから約一ガロンのランバノグがとれるそうで、これはかなりの高能率と言える。トゥバのエタノール濃度は五～七%と考えられるから、平均六%のエタノールが全部回収されたとして、ランバノグの推定エタノール濃度は三六%である。

家の主人が並んでいるポリタンクの一つからトゥバをコップになみなみと注いでくれた。少なからずゴミの浮く白濁した液。口元に近づけると、決して芳香とは言い難いが、あの懐かしいトディの匂いがする。ディソン博士は笑っているが、上野さんはいかにも心配げだ。「なに構うものか、スリランカでさんざん飲んだじゃないか」、私は一気に飲み干し

幹の刻み目

た。悪くないできである。エタノール濃度は六〜七％であろうか。

　主人が今度は奥の大ポリタンクから、ランバノグを小さなコップに七分目くらい注いでくれた。舐めてみると、なかなかいける。エタノール濃度は四〇％以上ありそうだ。匂いを別にすればまさに焼酎の味である。午後の行動も考えてほどほどにして止めると、ランバノグの質を自慢する主人が残りを地面に撒いて火を点けた。なるほど良く燃える。これで見る限り、この家の酒づくりはかなり能率が良いことになる。折角のチャンスなので、土産用に一瓶買って帰ることにした。


「ランバノグが出てきたぞ」

　家の裏手でパリス博士の呼ぶ声がする。家の裏は急斜面になっていて、その斜面に蒸留装置がある。典型的なポット・スチル（単式蒸留器）だ。蒸留釜の本体は、直径、高さともに九〇センチくらいのステンレス製の缶で、断熱材として表面に泥を塗り、石を組んだかまどの上に据えてある。かまどの焚き口の上に設けた棚は薪の乾燥用。生活の知恵であろうか。蒸留釜の上部には直径約二〇センチ、長さ

蒸留前のヤシ酒が入ったポリタンク

約四〇センチの円筒が付いている。おそらく簡単なレクティファイアー（精留器）で、ランバノグのエタノール濃度を高めるのに役立っているのであろう。それから延びる銅管が傍の大桶の中を蛇管となって下に抜け、大桶には斜面の下の小川から導かれた水が絶えず流れ込んでいる。

ヤシ酒蒸留用の蒸留装置

　パリス博士は、加熱の始まっていた蒸留装置のそばで、先ほどから、ランバノグが出てくるのを待っていたのである。私たちも蒸留場に急いだ。大桶を通って冷やされた銅管の先から、かなりの勢いで無色透明の液体が流れ出ている。正真正銘のランバノグであった。

　蒸留装置について一通りの説明を受けてから、私たちはまた上の作業場に戻った。テーブルに大きな瓶が置いてある。

「これは何？」

と聞くと

「ランバノグじゃありませんか、さっき注文なさったでしょ」

とディソン博士。

　大きくてもふつうのウィスキー瓶ていどを考えていた私はビックリした。テーブルの瓶は一ガロン瓶、つまり約四

蒸留ヤシ酒の4リットル大瓶

リットル、それにランバノグがいっぱいに入っているから、風袋ともで五キロ近くになるであろう。とても気軽に日本へ持って帰れる代物ではない。しかし、これがランバノグ売買の最小単位である。私は買うか買わないか迷いに迷った。だが、値段を聞くと、たったの一五〇ペソ（約六〇〇円）、いざとなったら運転手にでもやればよい。ついに意を決して金を払った。ディソン博士も熟成中の酢を小瓶に詰めさせた。醱酵に関与している微生物を検定するのだそうである。トゥバを貯蔵して置けば、酢酸菌などの微生物が繁殖して酢になるが、博士は、その微生物を研究している。

現場をもう一ヶ所見ることにした。そこから車で一五分も走ると、また道路の両側に樹と樹を竹竿で連結したココヤシ林が幾つも続く。あたりに人家はまったくない。ヤシの樹の間の小道を奥へ一〇分近く歩いたところに、小さな流れがあった。流れの向こう側に、細い竹を編んでつくった小屋が雑木に囲まれて建っている。蒸留小屋であった。

飛び石伝いに流れを越えて小屋に入ると、中は二〇畳敷きくらいの広さで、人はいないが整頓がゆき届き、ほぼ中央に据えた蒸留釜の前には、きちんと切り揃えた薪が積んである。蒸留釜は、午前中に見たヤシ酒屋のと同型だ。おそらく、このあたりで普及している形式なのであろう。壁際にトゥバをまんまんとたたえた直径四〇センチあまりの甕《かめ》が一〇個ほど並び、蓋を開けると盛んに泡立っている。おそらく、エタノール収量を上げるために醗酵を続けさせ、時間を見計らって蒸留装置にかけるも違いない。そう考えれば、小屋の中の整頓の具合とか、薪の準備などが納得できる。

小屋の外にでて周囲を見回すと、この場所が選び抜かれた立地条件であることに気づく。ヤシ林

ヤシ酒の蒸留小屋

蒸留小屋の内部、蒸留装置の前には薪が用意してある

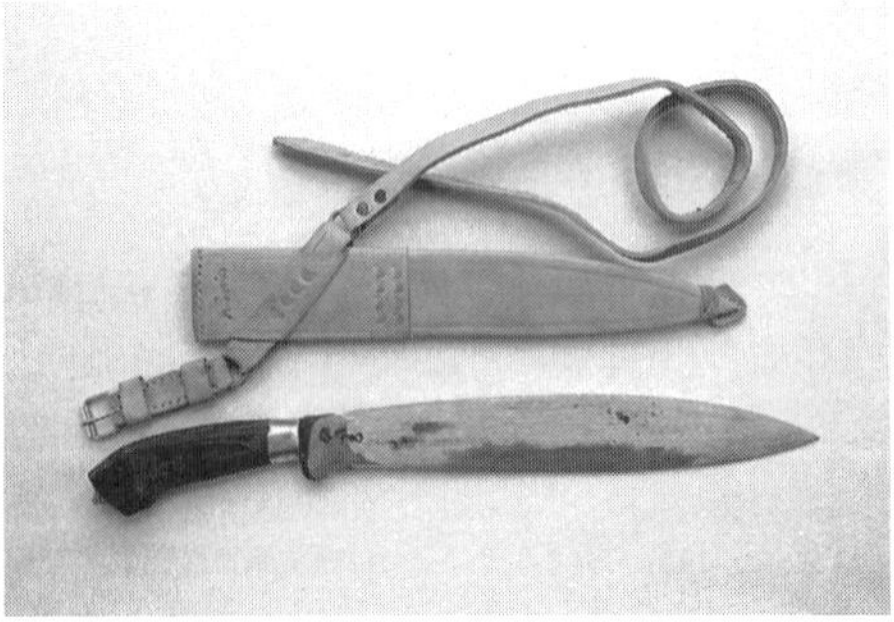
筆者が土産に買った採液用と同形のナイフ

の中央に位置し、しかも小川などの流れに近い。ランバノグの蒸留に冷却用の流水は不可欠であるから、これは絶対条件とも言える。井戸を掘ってもよいが、揚水に費用がかかる。さっき見た家も裏に小川が流れていた。そして川に近い場所は、雑木が茂り、気温が比較的低い。これはトゥバの醗酵が進み過ぎるのを防ぐばかりではなく、作業する人にとっても好ましいことである。

あれこれ考えていると、ここに案内してくれた若者が近づいてきた。彼は、この蒸留小屋を委かされているのだ。いつも樹液採取用の刀を手元から離さないのは、それが彼の誇りなのかもしれない。刀は刃渡り約五〇センチ、幅約五センチ、先が尖り、まさに太刀魚のような形をした直刀で、ベルトと一体構造になった牛革製の鞘に納め、腰につけるようになっている。ちょっと借りて鞘か

ココヤシ林の中の家

ら引き抜いてみると、一点の錆もなく、いかにも切れそうであった。

ヤシ林の中をさらに一キロほど移動すると、高床式の家があった。壁が全部竹製で、いかにも涼しそうだ。若い夫婦が住んでいて、奥さんが赤ん坊をあやしながら話し相手になってくれた。大婦は、このヤシ園の持主だそうである。やがて、林の奥からカタカタカタと不思議な音が響いてきた。

竹竿を伝わって移動する職人、大きな缶を一緒に運ぶ

向こうの方を透かして見ると、樹と樹を連結した竹竿の上で人影が動く。人影の移動と不思議な音とは関係があるらしい。
その樹の下までいってやっと謎が解けた。採液職人が、樹から樹へと竹竿伝いに移動しながら、樹冠に懸かっている竹筒の樹液を缶に集めているのであるが、その移動用の缶は、鉄製のフックで竹竿に吊り下げられている。採液職人が移動するとき、缶のフックを竹竿の上で滑らせるので、それが竹の節に当たって音を立てるのである。樹冠にはそれぞれ、たいてい二〜三本の竹筒がかかっている。その竹筒を外し、中の樹液を缶に空け、花序の先端を切り、竹筒を被せ、別の竹筒に手を伸ばす。花序を切る刃物は、例の直刀である。一本の樹が終わると移動する。カタカタカタ。缶が一杯になると腰につけた縄で降ろし、下にいる人がポリタンクに移す。動作にまったく無駄がない。

「フィリピンにきてもうずいぶん経つけど、これを見るのは初めてだね」

と上野さんがしきりに感心する。

採液作業は間もなく終わり、職人はいなくなってしまった。つぎのヤシ園に回って、仕事を続けているのであろう。職人は奥さんの従兄だそうだ。まだ採液の後片付けをしている主人を見ながら、

「主人は高い樹に登れないの」

と言って屈託なく笑った。

あの大きな一ガロン瓶を手に下げてホテルの自室に戻った。ちょうどベッドの準備で部屋にいた二人のボーイが
「あ、ランバノグですね。ラグナにいったのですか」
と口々に言う。
瓶にはレッテルが貼ってあるわけでもなく、中の液体に色が着いているわけでもない。それなのにラグナ産のランバノグと一目で見破ったのは、そのスタイルがよほど一般的な通念として定着しているからなのであろう。これは後でわかったことであるが、この一ガロン瓶は、調味料やジュースなどの容器としてフィリピンでごくふつうに流通していて、空瓶のリサイクルも盛んである。さしずめ一昔前の一升瓶のような存在らしい。私が買ったランバノグの瓶も新品ではない。私は何としてでもランバノグ入り一ガロン瓶を日本に持って帰る決心をした。

インドのヤシ酒

インドにもヤシ酒がある。しかし、一般の旅行者の目に触れることはあまりないようである。私も一九八〇年に二〇日間ほど、南インド、ダージリン、アッサムなどを回ったが、ヤシ酒には一度も遭遇しなかった。もっともそのときは、農林水産省茶業試験場の職員で、茶病害の実態調査という公用を帯び、しかも一人旅の強行軍であったから、とても公務外のヤシ酒まで調べる余裕がなかった。それに、南インドのタミル・ナドゥ州のように宗教的な理由から全面禁酒の州があったりして、無用のトラブルを避けたい気持もあった。

だが最近（一九九五年一月）、それを補う資料を入手することができた。南インドのウパシ茶業研究所病害研究部長チャンドラ・モウリ博士が、『インドの産物 The Wealth of India』（一九四八年）のパルミラヤシの項をコピーして送ってくれたのである。博士とは南インドにいったときに知り合い、その後国際会議で顔を合わすこともあって、今なお文通の続いている仲だ。ちなみにウパシ《UPASI》とはThe United Planter's Association of Southern India の略である。以下、送ってもらった資料を抄訳する。

インドで樹液採取用のヤシとして最も重要なのはパルミラヤシで、そのほかにサトウナツメヤシ、キトゥルヤシ、ニッパヤシなどがあり、ココヤシもときとして利用される。

パルミラヤシの新鮮な樹液は、スウィート・トディもしくはニラと呼ばれ、約一二％の蔗糖を含み、微かに芳香のある甘い透明な液体である。適当な処理を施さない限り、自然醗酵により六〜八時間以内に約三%のエタノールと約〇・一%の有機酸を含むヤシ酒トディになる。このトディは、白く泡立ち、特徴のある香があり、軽い酸味と刺激味がする液体である。低所得者層に広く親しまれている嗜好飲料であるとともに、国の重要な税収入の対象となっている。栄養価としては糖少々と酵母で、酵母は貴重なビタミンB群の供給源となる。

トディのエタノール濃度は、その後五%近くまで上がってから減少に転じ、相対的に有機酸濃度が高くなり、次第に人の飲用には耐えなくなる。酪酸が生成するとはなはだ不快な臭気がする。トディの一部は、酢酸醗酵させて安い酢をつくるのに用いる。また、トディの酵母を製パンに利用することもあるが、良い匂いのパンには仕上がらない。

一方、ニラは、甘い嗜好飲料であるとともに、その薬効も信じられている。刺激剤とか去痰剤として用いられ、炎症性の疾患とか腫脹にも有効と考えられている。ニラは保存性の悪さから、そのまま飲料とされることは比較的少ないが、マドラス地方では、成分の蔗糖がヤシ糖「グル」の形で古くから利用され、ビハール地方にも拡がることが示唆されている。ただし、パルミラヤシの樹液はトディの原料にもなるので、グル製造の許可証が税金逃れに悪用されないように注意する必要がある。

パルミラヤシには雌株と雄株があり、どちらからも採液する。雄株の花序は、小穂が主軸から手の指のように分岐している。各小穂を木の棒の間に挟んでしごき、二〜三日後から毎日先端部を薄く切る。約一週間経つと樹液が流出を始めるので、数本の小穂を束ねて縛り、壺に挿入して樹液を受ける。雌株の花序も、果実が小さいうちに潰したり叩いたりしてから、先端部を切り樹液を流出させる。雄株の収量は雌株の三分の二ていどと報告されている。雄株の樹液の糖濃度は雌株のより高いと一般に信じられているが、必ずしもそうではないとの報告もある。

採液職人は一日に朝夕二回樹に登る。朝は樹上の壺に溜まった液を運搬用の壺に移し、花序を切り戻して降りてくるが、夕方は日中に溜まっている樹液が少ないので、花序を切り戻すだけである。採液は技術の必要な作業で、上手な職人は二〇〜二五本の樹を扱って、朝の仕事を四時間、夕方の仕事を二時間で済ます。

製糖用の樹液を集める場合には、壺の内面に石灰を塗る。一部の地方、例えばビハール地方やスリランカでは、石灰を塗る塗らないにかかわらず、壺を完全に洗ってから加熱し、しかも内面を煙で燻す。煙で燻すと、石灰を塗るほどではないが、樹液の糖が変化するのを遅らせる効果がある。糖の変化を防ぐのに、ホルマリン処理の効果も高いが、石灰処理は最も安価で効果がある。壺に溜まる樹液に対して、石灰を〇・二五グラム／二〇〇ミリリットル用いれば、樹液のpHは八・〇〜八・一となり、醱酵も糖の変化も完全に防げる。

パルミラヤシの採液季節はいわゆる農閑期に当たり、マドラス地方では二〜五月であるが、ボンベイ地方では一一月とか一二月にも採液する、採液職人は零細な農家で、ヤシの樹が自分の持物とは限らず、地主から借りることが多い。いずれにしても、政府の税務当局から許可をとる必要がある。

以上、『インドの産物』からパルミラヤシの樹液に関する部分を訳出したが、インドとスリランカは共通することが多いので、ココヤシについてもスリランカと同じように樹液が利用されていると考えるのが妥当であろう。ただしインドの場合、国土面積に対する海岸線の割合がスリランカに較べると著しく少ないから、海洋性のヤシであるココヤシの重要性も国全体から見ると相対的に小さいこともあり得る。

パルミラヤシともココヤシとも違うヤシから酒をとる話が、佐々木高明著『インド高原の未開人』（一九八一年、古今書院）にでている。長いものではないので以下に掲げる。

「酒といえば、カジュエリー（*Phoenix sylvestris* サトウナツメヤシ＝著者）というやしの樹液からつくるタッディは、彼らのもっとも好むアルコール飲料だ。タッディをつくるには、乾季の終わりに近い一、二月ころ、その大きな葉の付根あたりの樹幹に鎌で切傷をつけ、そこに土製のツボを吊るして受けておく。切傷から一滴、二滴と落ちる樹液はツボの中にたまり、これが自然醗酵して酒になるのである。村内にあるバナナやマンゴーややしの木は、それぞれ一本ずつ所有者が決まっているが、とくにカジュエリーはタッディがとれるので大切にされている。その幹には下から上まで昇りやすいように階段状の足掛けが削りつけられているのが特徴的だ」

その他の国々

東南アジアにあり、しかもヤシ類の栽培が盛んな国なのに、ミャンマー、マレーシア、カンボジア、ヴェトナムなどはいまだ訪れたことがない。これらの国々の事情は、タイと似ているのではなかろうか。ココヤシやパルミラヤシは、いろいろと利用価値の高いヤシであるが、糖とか酒をとることにも利用されているに違いない。特にパルミラヤシは、果実の利用価値が比較的低いので、花序から樹液を採取する場合が多いであろう。

南太平洋の島々にもいったことがない。しかし、写真とか絵で見る限り、島々の美しい風景にココヤシは不可欠だ。ココヤシの原産地としても、最有力の候補地にあげられているくらいだから、古くから住民の生活に密接に関与していたと思われ、とうぜん、酒をとることにも用いられていたに違いない。最近（一九九九年九月）の「週刊新潮」に、マリアナ諸島アナタハン島で第二次世界大戦の末期を過ごした一群の日本人に関する記事が掲載された。一人の女性を巡り、島のココヤシ酒に溺れて理性を失う男たちの姿が痛ましい。

ブラジルには一九九二年に約二週間、家族とともに観光で訪れたことがある。アマゾン中流のマナウスに滞在したとき、現地の案内人（日系二世）にヤシ酒のことをたずねたが、その存在すら知らなかった。その人はブラジル陸軍に勤務した経験もあり、ヤシ酒以外のことなら諸事百般、非常に詳しかったから、たぶん現在の一般的なブラジル人はヤシ酒に接する機会がほとんどないのであろう。野田良治著『調査三十年　大アマゾニヤ』（一九二九年、萬里閣書房）にミリティーヤシ *Mauritia flexuosa* やデュッサラヤシ *Euterpe edulis* の樹液で酒をつくるとあり、阿部登著『ヤシの生活誌』（一九八九年、古今書院）にもブリティーヤシ *M. vinifera* = *M. flexuosa*、チリヤシ *Jubaec spectavilis*、アサイヤシ *E. oleracea* などが糖や酒をとる中南米のヤシとしてあげられているので、かつては多くのヤシがその

伐り倒したヤシの幹に切り込みを入れる（橋本氏提供）

目的で利用されていたと考えられる。現在のブラジルでは、サトウキビがほとんどすべての糖やエタノールの原料となり、酒といえば糖蜜からつくるラム酒系統の蒸留酒ピンガである。

だが、中南米でも田舎の方とかサトウキビの栽培が少ない地方では、今でもヤシ酒が飲まれているらしい。日本国際協力事業団の機関誌『国際協力』一九九四年八月号に、橋本敬次氏による「酒の成る木」と題するホンジュラス共和国の興味深い記事が載っていた。

それによると、三月から四月頃、ココル Coyol と呼ばれるヤシの樹を伐り倒し、幹の先端に近い部分に縦横深さそれぞれ約一〇センチの切り込みを入れ、少しずつ切り広げてゆくと、一日に約一リットル、一ヶ月近く香り豊かな酒が湧き出してくるとのことである。馬の尻尾でつくったフィルターつきのストローで、切り込みから直接吸って飲むその味は、甘酸っぱく、エタノール濃度がビールていどと書かれている。学名など詳しいことはわからないが、サゴヤシのように幹に澱粉を貯蔵する樹種で、用いる幹は樹齢が約一〇年、長さが五メートルあまりとあるから、生殖生長に入る直前のものであろう。貯蔵澱粉が糖化して切り込みに滲みだし、それが醗酵するのだと思われる。橋本氏の記事には、同じ地方でニッパヤシの酒も飲まれていることが述べられている。

切り込みに溜まった酒をストローで飲む（橋本氏提供）

アフリカは多くのヤシ類の原産地で、古くから各地でいろいろなヤシを用いてヤシ酒がつくられていたと考えられるが、残念ながらまだ一度もいったことがない。しかし最近、面白い本を読んだ。『ヤシ酒飲み』（エイモス・チュツオーラ著、土屋哲訳、晶文社、一九七〇年初版、一九九四年一五刷、原作は一九五二年出版）という西アフリカ（ナイジェリア）の森林を舞台とするいささか怪奇な小説である。この小説はアフリカ民族文学の代表として高い評価を得ているのだが、それとは別に、私が特に興味を感ずるのは、主人公が大のヤシ酒飲みに設定されていることである。ヤシ酒の持つ社会的な意義が読みとれるように思えるのだ。

主人公は五六万本のヤシの木が生えているヤシ園を父からもらった。このヤシ園には専属のヤシ酒職人が一人いて、毎朝一五〇樽、毎夕七五樽の酒をとってくれる。それを主人公は友人たちといっしょに毎日飲み干していた。ところがある日、ヤシ酒職人が木から落ちて死んでしまう。それが物語の発端である。そこにはヤシの種類とか、採液の方法などについての記述は一切ないのだが、大規模なヤシ園の存在や専門化した採液職人の存在がうかがえるし、ヤシ園が富の象徴であるとか、ヤシ酒を飲んで暮らすことに対する憧憬《どうけい》、振る舞われるヤシ酒を慕って友人たちが集まる様子などが物語の背景として理解される。

スタインクラウス編『地域固有醗酵食品ハンドブック』（一九八三年）によれば、西アフリカでヤシ酒とりに主として用いられるのは、ラフィアヤシとアブラヤシのようである。日本観光文化研究所編『キャッサバ文化と粉粥餅文化』（一九八一年）にも、ギニアでエームと呼ばれるヤシ酒をアブラヤシからとっている話がでてくる。

以上のアフリカの話は、樹に登って酒をとっている。コートジボアールでしばらく生活した人の話によると、アブラヤシからヤシ酒をとるには、伐り倒した樹の頂部に切り込みを入れることが多かったとのことであるし、『地域固有醗酵食品ハンドブック』にもガーナの同じような方法が述べられているので、アフリカでは、ヤシの樹を伐って酒をとることがかなり広く行われていると考えられる。

幹頂部からの採液法

ヤシの樹液は、花序を切断した切り口からばかりではなく、幹の頂部につけた傷口からも採取される。そのことは、インドやアフリカなどの紀行体験記（例えば前出の佐々木高明著『インド高原の未開人』や日本観光文化研究所編『キャッサバ文化と粉粥餅文化』）にでてきたり、ヤシに関する文献に簡単な記述があったりする。しかし、それらの多くは具体的な説明に乏しい。スタインクラウス編『地域固有醗酵食品ハンドブック』の記述が比較的詳しいので、その部分（三一七〜三一八頁）を以下に訳出する。

「西アフリカでラフィアヤシやアブラヤシから採液する場合、まず採液部を露出させるため古い葉を除く。次に花芽の基部（花序採液）あるいは幹の生長点直下（幹頂部採液）に、三角形で深さ二・五センチの穴を刻み込む。穴をフェルト（葉柄の外部に生ずる織物様の物質）で塞ぎ、竹製の漏斗をフェルトに明けた孔に通す。漏斗の外の口は、紐で吊り下げた集液用の瓢箪とか素焼壺に接続する。二四〜三六時間後に樹液の流出が始まる。朝夕の集液のとき、採液職人は鋭利な尖った両刃ナイフで採液穴から薄く組織を削りとる。こうして採液穴は次第に大きくなるが、樹液が出なくなるまで組織の削り取り作業は続けられる」

以上の記述でわかるように、幹の頂部に傷をつけて採液すると言っても、決して幹の先端部を切断するわけではない。その点、花序からの採液が、花序の先端を切除するのと大きな違いである。幹の先端部（生長点）を切除すれば、ヤシは単幹性で腋芽を生ずることはないので、樹そのものが枯れてしまう。樹液の流出は樹の生活反応にほかならないから、樹が枯れてしまっては元も子もない。樹が枯れないように注意しながら、幹の先端に近い部分に切り込みを入れるのである。傷口の組織を毎日朝夕二回削ることは、花序の場合と変わらない。いずれにしても、この方法による採液は、樹幹に大きな損傷を与えることになるので、樹勢に影響することは想像に難くない。それにもかかわらず、この方法がかなり広く行われるのは、ラフィアヤシやアブラヤシの花序が太短いなど、形態的に扱い難いことも一つの理由と考えられる。

ホンジュラスなどで行われている伐り倒した樹から酒をとるのも、この幹頂部から採液する方法の一変形である。ヤシの樹は、伐り倒されてもすぐに死ぬわけではなく、葉を除いて蒸散による水分の損失を抑えてあるので、外部から水分補給がなくても相当の期間生存可能だ。いっぽう、幹の生長点は無事なので、貯蔵澱粉を糖化し、体内の水分に乗せて生長点に送り込む再生作用が始まる。もしかしたら、花序を伸長させようとするのかもしれない。その転流糖分を幹の先端近くにつけた傷から滲出させるのが、この方法の骨子である。根のないヤシの幹でも生長点を伸長させようとする作用については、サトイモやジャガイモなど塊茎が体内の水分だけで芽を伸ばすのと同じと考えられる。少々因縁話めくが、ヤシとサトイモは分類学的に近縁である！

第3章

スリランカ再訪

Published by Palmyrah Development Board
Palmyrah Food Products
Recipes
PALMYRA
~ a decade of
developmen
PALMYRAH
DEVELOPMEN
BOARD

樹液の謎を解くヒント

　第二章で述べたように、数年の間、各国のヤシ酒事情について少しずつ足を伸ばして見聞を広めるとともに、ヤシ酒全般に関する文献などの情報収集を積極的に行うように努めていた。海外ばかりでなく日本国内でも、一九九〇年代になると、ヤシ酒の存在を初めて知った一九七〇年ごろに較べると、情報は格段に豊富になっていた。その気になりさえすれば、断片的な資料は、それこそ無数にあった。南方の植物に関する本、醗酵食品に対する解説書、民俗学的な研究書、紀行文、新聞記事、果てはテレビ番組にまでヤシ酒が登場する。

　いっぽう、植物生理学の分野においても、遺伝子工学のような華々しさはないが、私がスリランカで勤務した一九七〇年代に較べれば、はるかに諸現象をより根元的に解析できるようになっていた。例えば、植物体内の篩管流が単に濃度勾配によって起こるのではなく、篩管細胞や伴細胞の能動的な生理作用と密接に関係していることが明らかになった。

　それらを総合し、ヤシ酒の包括的な全体像を理解することはかなり容易になったが、私にとって最も肝腎な「なぜヤシに傷をつけると高濃度の糖を含む樹液が流れ出るのか」という疑問については、いぜんとして解答が得られなかった。

　ところが、タイのチャカマス女史からもらった資料で、奇妙なことに気がついた。ココヤシ酒製法のフロー・チャートが、「花序先端部の断端から、厚さ四～五ミリの薄い切片を毎日一回、三～

五日間切りとっていると、樹液が流れ出る」と読みとれるのだ（第2章一一〇頁参照）。つまり、「花序の先端部を切ればただちに樹液が流れ出るのではなく、断端の切り戻し作業を三～五日間繰り返すことによって、樹液の流出が始まる」ということである。私はびっくりした。「花序を切ればただちに樹液が出てきて、その量は切った直後に最も多い」と思っていたからだ。あわてて、手持ちの資料を全部調べ直したが、樹液が最初に流れ出すまでの、時間的な経過を述べているものは、チャカマス女史の報告を除くと、スタインクラウス編『地域固有醗酵食品ハンドブック』の幹頂部採液に関する説明に、「二四～三六時間後に樹液の流出が始まる」とあるのが見つかっただけであった（第2章一四三頁参照）。

　チャカマス女史の報告にしろ、『地域固有醗酵食品ハンドブック』の説明にしろ、ヤシの花序や幹頂部に傷をつけても、ただちに樹液が流出するのではないことを示唆《しさ》している。私は、ヤシ樹液の謎を解くヒントは、そこにあると確信した。だが、双方ともあまりにも簡単な記述で、詳細は全く不明であった。日本で入手できる資料には限りがある。現象を確かめるために、ヤシ酒の生産現地で再調査する必要を感じた。

　文献によれば、スリランカは年に六万キロリットルのトディを生産し、世界で最も多い。あちこち見て回っても、あれほど

コロンボ国際空港の免税店で売られているヤシ酒

まとまったヤシ酒産地を形成している国はなかった。国際空港で大々的にヤシ酒を売っている国はスリランカをおいてほかにない。結果論ではあるが、私が初めてヤシ酒に遭遇した国が、ヤシ酒づくり世界一の国だった。あの国なら、少なくともココヤシ、パルミラヤシ、キトゥルヤシの三種について、採液現場を改めて観察するとか、採液経過の詳しい資料を入手できる可能性がある。私は、再調査地としてスリランカを選んだ。

幸いなことに、スリランカなら土地の様子をいくらか知っている。茶業研究所のシヴァパラン所長をはじめとする知人も何人かいる。それらの人々と連絡を取りながら訪問先を選び、入国してから出国するまでの大まかな旅行コースを決めた。現地の能率的な移動に自動車は不可欠である。その手配も忘れてはならない。可能な限りの前準備を終え、一九九三年九月、私は家内を伴って成田を飛び立った。エアランカの直行便なら、八時間あまりの飛行で、その日のうちにスリランカに着く。

ネゴンボの居酒屋

久しぶりに過ごすスリランカ第一夜の宿として、ネゴンボの古いホテルを選んだ。ネゴンボはカトナヤケ国際空港（現在のバンダラナイケ国際空港＝コロンボ国際空港）の北にある海辺の町で、昔から漁業が盛んであるが、最近はリゾート地としても名高い。夜明けとともに目を覚ますと、遠くに波の音が聞こえる。このホテルは、長い砂州の広い敷地に離れ形式の部屋を備えている。前庭は静かな中海に面しているが、裏手は道を隔ててすぐインド洋である。朝食前のひととき散歩をすると、昔の記憶が次第に蘇《よみがえ》ってきて懐かしい。朝食をとりながら眺める中海も、漁をする小さな帆掛舟が点々として、以前と少しも変わらぬ風景であった。

ネゴンボの居酒屋は納屋を改造したような建物

私たちは少々ゆっくりしてから出発した。手配した自動車はキャンディからきているのであるが、運転手はさすがにプロで、ネゴンボあたりの地理にも明るい。まず居酒屋へ連れていって欲しいという頼みに、最初は驚いていたが、「一五年前のことが懐かしくてね」と言うと心得て、車を町外れの居酒屋に着けてくれた。漁師たちの集会所のような場所にあり、納屋のような建物である。家内を車の中に残し、運転手と一緒に店に入ると、朝っぱらから何人かがトディで飲んだくれている。汚いカラス・ケースの中に蒸しキャッサバとか油で揚げた塩魚などがあり、それらが肴《さかな》だ。一瞬、喧噪《けんそう》が止み、視線が私に集まった。

だが私は怯《ひる》まない。視線を無視して、トディ一杯と蒸しキャッサバ一皿を注文する。雰囲気が急に緩んで元に戻った。店の主人は、現地人には直径一〇センチあまりのプラスチック製ボールにトディを入れて渡しているのに、なぜか私にはガラスのコップを用意してくれた。コップに注がれたトディはココヤシ・トディである。たぶん昨日樹から降ろしたものであろう。酢酸醗酵が進み、お世辞にも美味しいとは言えないが、蒸しキャッサバを食べながら飲めば、けっこういける。運転手にも薦めたが、仕事中だからと言って飲まない。トディ一杯とキャッサバ一皿の値段が一〇ルピー（約二〇円）であった。

ココヤシ研究所

トディを飲んで元気をつけた私は、運転手に今回のスリランカ再訪第一番目の目的地であるルヌウィラへ向かうように言った。ルヌウィラは、ネゴンボよりさらに国道三号を約一五キロ北上し、少し内陸に入ったところにあり、スリランカのいわゆるココナッツ三角地帯の中心地で、ココヤシ研究所の所在地だ。ココヤシ研究所の実力者ジェガナータン氏を、茶業研究所のシヴァパラン所長に紹介してもらい、本日訪ねる旨の連絡がしてある。

ネゴンボの居酒屋では朝から人々が飲んでいた

ジェガナータン氏は、ココヤシの樹液生産に関するいくつかの資料を用意して待っていた。その中には、採液の手順を図入りで要領よく記述した研究所の出版物が含まれていて、小さな印刷物ながら私を驚喜させた。所内の展示場における懇切な説明とあいまって、今まで遠い存在であった高い樹上の採液作業の詳細が、手に取るように理解できたのである。

それによると、花序の先端部を切ってから三日ぐらいすると、ごく少量の樹液が切り口から流れ出すが、本格的に樹液がとれるようになるのは、七日から一二日ほど経ってからとのことで、タイのチャカマス女史の記述よりむしろ長くかかる。いずれにしても、樹液が出てくるのが、花序の先端部を切った直後からでないことは確かである。

気を好くした私は、質問の対象を転じ、採液前の花序を叩く効果についてたずねてみた。他の国では必ずしも行っていない処理である。上機嫌だったジェガナータン氏の表情がとたんに渋くなり、

「私たちは、効果があると考えています。人間の腕だって、叩いて血管を怒張させてから傷つければ、激しく出血するでしょう。それと同じですよ。とにかく、樹液採取がココヤシに対しても非常に大きい生理的影響を与えているのは確実です。その証拠に、採液を止めて果実をならせるようにしても、しばらくは異常に小型の果実をたくさんつけるようになります」

と言うだけであった。それ以上に踏み込んだ議論は意味がなさそうなので、質問の矛先を急いで引っ込めた。

話が気軽な雑談になったので、私は先ほどから気になっていたことを口にした。

「採液職人が使う道具類が手に入らないでしょうか」

ココヤシ酒とりの道具屋（店の瓢箪は全部プラスチック製）

展示場に飾ってあった大きな半円形のタッピング・ナイフや卵形の木槌が欲しくなっていたのである。ジェガナータン氏も、

「国道三号を一〇キロあまり北にいったマハウェワで売っています。今からゆけば昼食時には帰ってこれます。何ならごいっしょしますよ」と応じてくれた。昼食の招待を兼ねた親切な申し出である。せっかくなので、私たちも有り難くお受けすることにした。

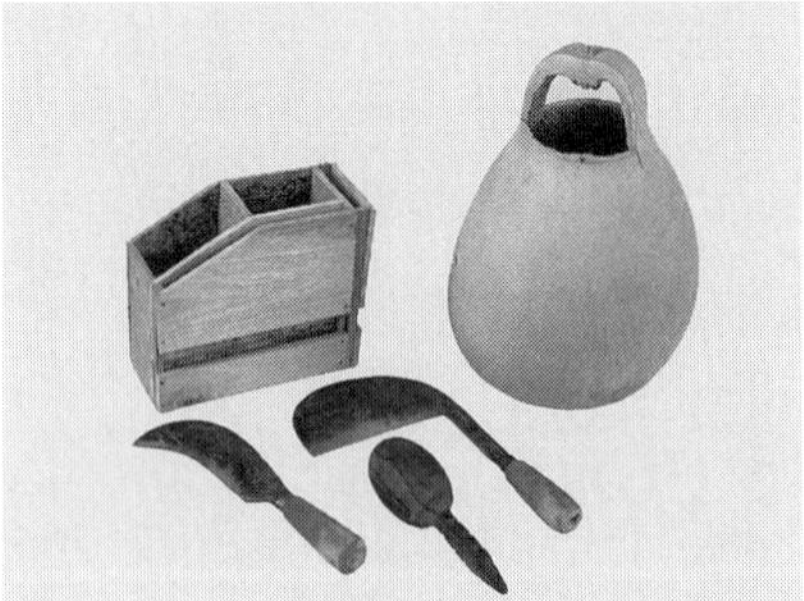
購入したココヤシ採液用の道具（この瓢箪は本物）

ジェガナータン氏に案内され、マハウェワまでゆくと、瓢簞《ひょうたん》や刃物などココヤシ樹液の採取道具を売る店が数軒、国道沿いに並んでいる。それほど目立つ店ではないから、知らなければ通り過ぎてしまったであろう。まず、タッピング・ナイフ、クリーニング・ナイフ、木槌、それに木製の道具箱を買った。しかし、店先にぶら下がっている色とりどりの瓢簞は、すべて強化プラスチック

製で買う気がしない。何軒かの店を回ると、本物の瓢箪を吊り下げているところがあった。五リットルはたっぷりと入る大きな瓢箪である。私は家内の顔色をうかがいながらも思い切って買った。買い物は全部で約千円、日本の物価から考えると、申し訳ないような値段である。刃物類は鍛冶屋が打ったままの状態で売られていたので、帰国後研いでみたところ、素晴らしく切れ味が良かった。木槌の材は固くて丈夫なタマリンドだそうである。

急いで研究所に戻り、所内のゲスト・ハウスで昼食のご馳走になった。調査の順調な滑りだしを祝うように、本格的なライス・アンド・カリーの味は格別であった。私たちはジェガナータン氏に心から謝意を述べて、国道三号をコロンボへ向かった。

ココヤシの採液法

ココヤシの採液法について、前記のスリランカココヤシ研究所が一九六七年に出版した小冊子の内容を中心にまとめてみる（一五五頁の採液経過図を参照）。

ココヤシは、ほぼ一カ月に一枚の割で新しい葉を生じ、早いものでは

ココヤシの花序、小穂の基部にある小球が雌花、それより先は雄花

五年生、通常七〜八年生から各葉腋に花序をだして開花・結実する。採液は一般に十数年以上経った樹で行う。採液には苞が開裂する直前の花序が適当である。この時の花序は、長さが約六〇〜七〇センチ、直径が約七〜一〇センチの竹の子状で、基部は内部に雌花があるので若干太い。

【採液に用いる道具類】

採液に用いる道具類はすべて単純なもので、硬い木製の槌（多くはタマリンド材製で、滑らかな卵形の頭部と先細りの柄を持つ）、大型半円形のタッピング・ナイフ、湾曲した刃のクリーニング・ナイフ、四〜五リットルの瓢箪（現在では強化プラスチック製のことが多い）からなる。これらはココヤシ研究所が推薦する標準的な道具類とも言うべきもので、スリランカの南西海岸部で一般に用いられている。しかし、地域によっては異なった道具類を使う場合もある。

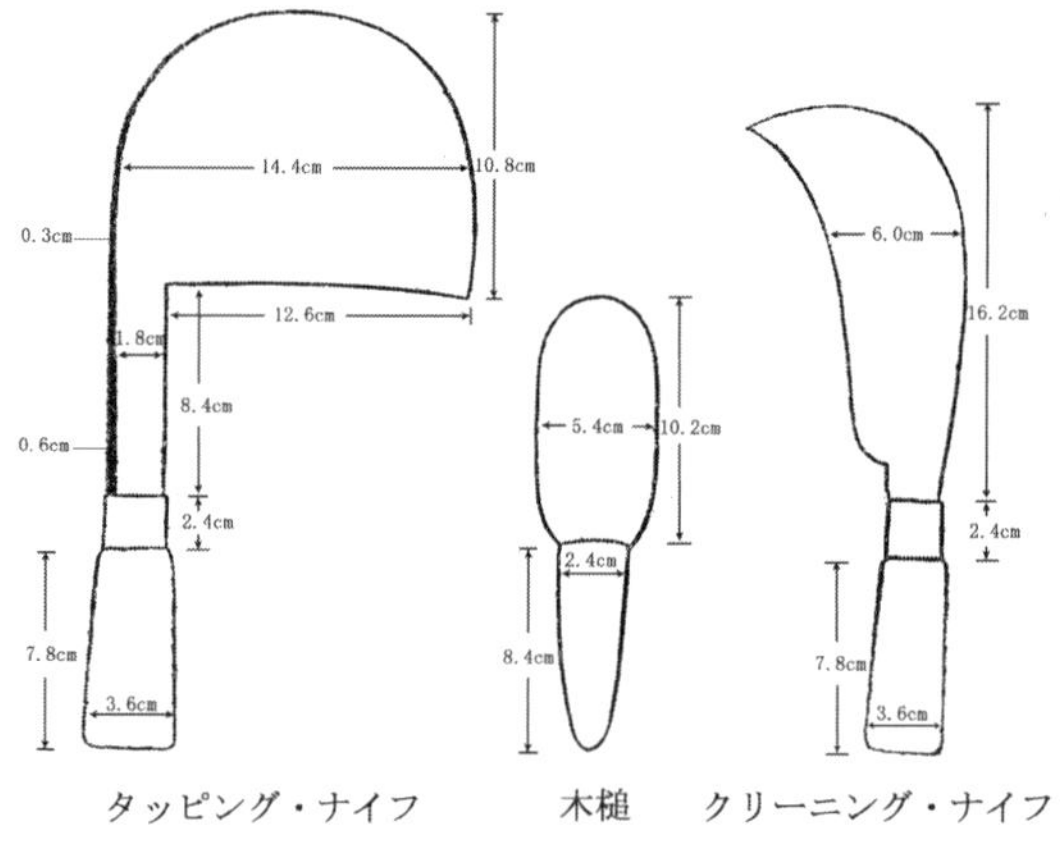

ココヤシ採液用の道具
（スリランカ・ココヤシ研究所資料より）

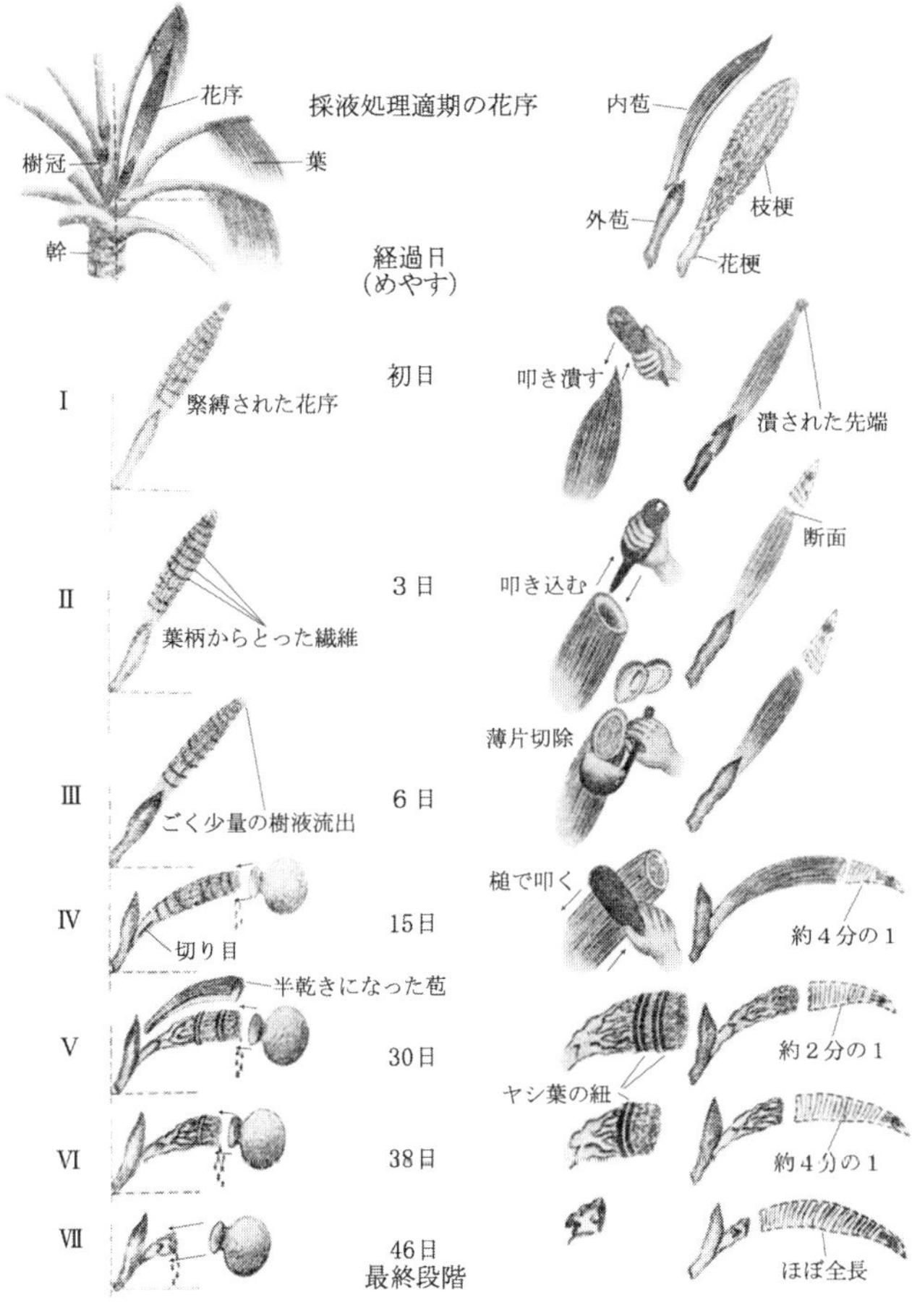

ココヤシ採液の経過図
(スリランカ・ココヤシ研究所資料より)

【採液の前処理】

採液職人は、多くの場合作業を楽にするため登り降りする幹にヤシ殻片を適当な間隔で縛っておく。このような準備のない樹では、柔らかい丈夫な紐でつくった輪に両足首を通し、両手を幹に回して、まるで尺取虫のように登る。また樹から樹へ渡るためにヤシ殻繊維の太いロープを張り、登り降りの回数を減らす。

第一日：採液する花序に対して最初に行う処理は、その樹の若い葉柄から剝いだ繊維を用い、二〜五センチ間隔で全長にわたって固く縛ることである。この処理によって内部の蕾が生育して苞が開裂するのを防ぐ。次いで苞の外面全体を槌で叩き、さらに先端の尖った部分を叩いて潰す。これらの作業はなるべく午前中に行う。

第二日：苞の外面を叩き、先端部を潰す作業を繰り返す。

第三日：苞の外面を叩くのは同じであるが、先端部約五センチをタッピング・ナイフで切り落とし、切り口に現れた蕾を槌の柄でたんねんに潰す。潰した蕾によって苞の中の隙間を塞ぎ、流れ出た樹液が内部に流れ込んで溜まるのを防ぐためである。樹液が苞の内部で溜まると、花序が腐敗する。

第四日・第五日：苞の外面を叩く作業を続ける。

第六日以降：これまでと同じように一日一回苞の外面を叩き、その作業に加えて一日二回（午前一一時前と午後四時前後）先端部の切り口から厚さ約二ミリの薄い切片を切り落とす。樹液が滴下を始めたら叩く作業は終了し、一日二回の切り戻しだけを続ける。

【採液作業】

樹液の滴下は第一〇～一五日までに始まるが、三五日かかった例もあり、採液職人の技量、気象条件、樹の特性などによって変る。

樹液が滴下を始めたら、集液用の素焼壺を花序の先端に被せ、壺は自重もしくは近くの葉に吊して位置を保つ。自然のままだと、花序の先端部は基部に較べるとかなり高い位置にあるので、樹液が苞の外面を伝わって葉腋に滴り落ちる可能性がある。これは、葉腋から出ている花序の根元を腐敗させる原因となる。それを防ぐため、花序の先端を水平から約二五度傾くまでじょじょに曲げ、

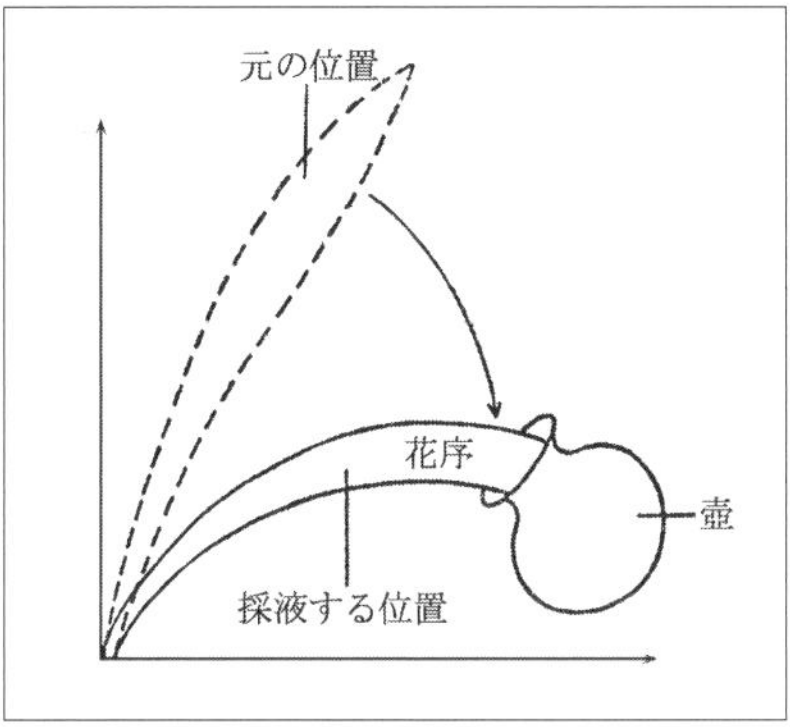

花序を曲げて樹液が壺に滴下しやすくする
（スリランカ・ココヤシ研究所資料より）

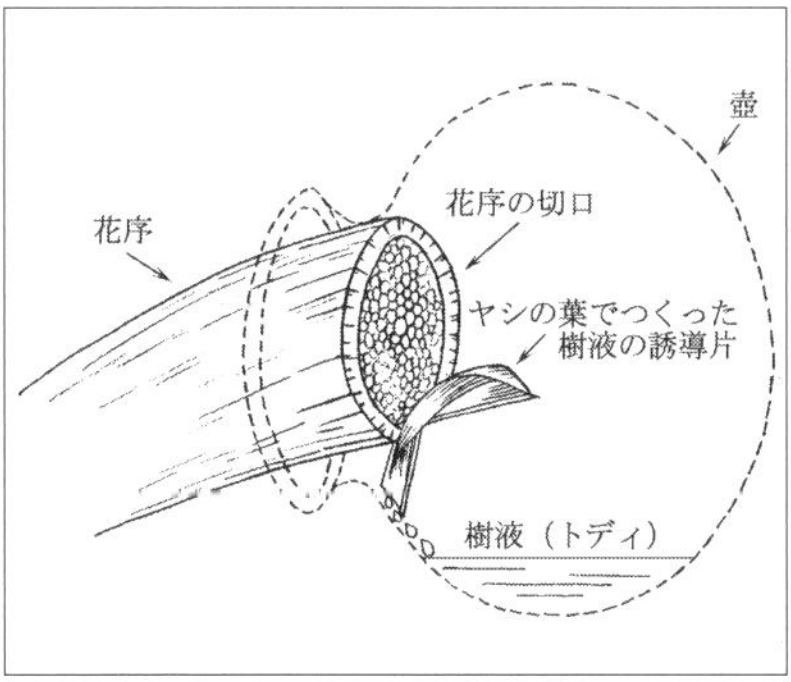

採液壺の装着状況
（スリランカ・ココヤシ研究所資料より）

下の葉の葉柄に縄で結びつける。

樹液の滴下が始まっても、最初の数日間、樹液の流出はごくわずかである。その後次第に増えて、一日に二回（朝と夕方）集められるようになり、切り戻しが雌花の位置近くになったとき最大量となる。採液職人は樹液を樹の上の壺から自分の腰の大きな壺に移しながら、樹から樹へと巡る。花序の切り戻しを一日に二回行い、残りが一〇～一五センチになるまで、約一カ月間の採液が可能である。花序を包んでいた苞が乾いて脱落したら、花序の小穂（＝花梗）を改めて紐で固く縛り、ときには主軸だけになっても採液する。

南西海岸部ではあまり行われていないが、一部地域の採液職人によっては、花序の切り戻し作業に加えて、ある種の薬剤を調合して切り口に塗る。樹液の流出を増やし、長く継続させると考えられている。用いられている薬剤は、石灰、ライム果実、シナモンの葉（*Cinnamomum zeylanicum*　シンハラ語でクルンドゥ、タミル語でカルワ）、野生のシナモン（*Neolitsea cassia* シンハラ語でデヴル・クルンドゥ）、シュー・フラワー（*Hibiscus furcatus* シンハラ語でナーブリッタ）、その他のハイビスカス属植物、アポローサ属植物、エリオデンドロン・アンフルクツオースム（シンハラ語でインブル）などである。

【樹液の収量】

花序一本当たりの樹液収量は、花序により、樹により、日により、季節により異なる。一般に高木種（ティピカ種）の方が高収量とされ、一日当たりの平均値は約一・五リットルであるが、矮生種（ナナ種）の収量は一日一リットル以下しかない。しかし、高木種と矮生種の交配種で一日二リットル以上の収量を示した例もある。採液が途絶えないように、一本の花序で採液が終了する約三週間前に、樹冠にある若い花序に対して採液の準備を始める。良いヤシの樹では、このような繰り返しによって、年間を通じ中断することなく採液が可能である。ただし、スリランカにおいては、年に八カ月採液し、四カ月の休止期間を置くのが経済的とされ、一月～四月の乾季に樹を休ませる。

【その他】

採液職人が独りで作業をしなければならないとすると、一日働いても二五～三〇本の樹を管理できるに過ぎない。しかし、空中にロープを張り巡らせたヤシ林で、集めた樹液を縄で下に降ろし、地面に助手がいて受けとるようにすれば、一日七五～九〇本の採液が可能である。

以上、主としてスリランカの採液方法について述べたが、タイ、フィリピン、インドネシアなどの方法も本質的には変わらないと思われる。ただ、全般的にかなり無雑作に作業が進められているようで、スリランカでは重要な処理とされている「花序叩き」を行わずに、切り戻しだけで採液している。

国道の居酒屋

ネゴンボとコロンボの間の国道には、道に面して何軒かの居酒屋があるはずであった。そのことを運転手に言うと、彼も知っていて、車を走らせながら探してくれた。もう間もなくコロンボというところに、それはようやく見つかった。路肩に「公認トディ居酒屋」を意味するシンハラ語の看板が立ち、少し引っ込んで店がある。ただし、店があるのは、コロンボに向かう私たちからすると、

国道の路肩に立っている居酒屋の看板

道の反対側、つまり海寄りの方である。車を止め、激しい車の往来を横切り、店をのぞきにいった。店の外壁には、道の看板と同じことが英語でも書いてある。ちなみに、スリランカは日本と同じく車が左側通行の国だ。

一般の客は軒下の窓口で酒を受けとり、外で立ったまま飲むが、店の主人が私には建物の中に入ってもよいと目配せをしてくれた。物好きな外人観光客が珍しかったのであろう。中は一〇畳敷きくらいの土間で、ドラム缶のような桶が二本あり、それぞれ一七一および二二五という容量（リットル）を示す数字が書いてある。見回すと、壁際に三～五リットルの素焼壺が十個あまり並んでいるが、その他に目ぼしいものは何もない。壺は全部空で、桶にはまんまんとトディがたたえられている。運転手と話をしていた主人が

「近くに、ココヤシからトディをとっている所があるけど、いってみるかい」

と誘ってくれた。運転手から私のヤシ酒に対する興味を聞いたに違いない。せっかくの申し出であるから、その現場に連れていってもらうことにした。

車が方向転換をして店の前に着くと、主人が助手席に乗り込み、国道から海の方へゆく脇道を指示する。このあたりは海までの距離が約三キロある。国道の近くにココヤシはほとんどないが、一キロほど住宅地の細い道を走るとココヤシ林が見えてくる。その一つで車が止まった。

樹が約三〇本の林で、その片隅にバラックのような採液職人の小屋がある。しかし、人がでてくる気配はない。樹冠を見上げると、一本の樹に二個あるいは三個の壺がかかり、樹と樹の間にはロープが張ってある。時間が時間なので、職人の作業を見るのは無理だ。居酒屋のトディ供給源の一つを見たことで、満足することにした。居酒屋は、このようなトディ供給源をいくつか抱えているのであろう。トディの保存性は極端に悪いので、遠距離の輸送は困難である。比較的小規模の供給源を近距離内に複数確保しておくことは、トディ居酒屋の経営にとって必須条件に違いない。

国道3号に面したココヤシ酒の居酒屋

　三〇分ほどでまた居酒屋に戻った。店の中から窓口のカウンターを見ていると、次々と客がくる。直径一〇セ

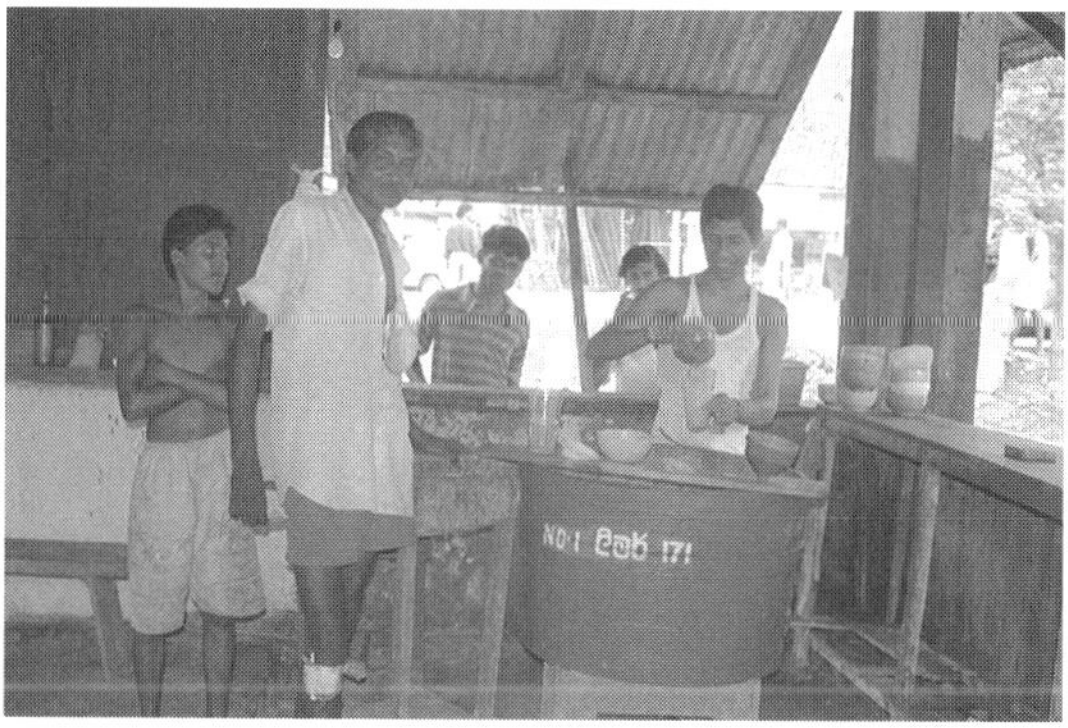
居酒屋の内部（手前に171リットルの酒桶がある）

ンチあまりのプラスチック製ボール一杯が注文の単位なのは、ネゴンボの居酒屋と同じだ。それをそのまま飲むか、ガラス・コップに移して飲むかは客の自由である。客は黙ってトディを飲み、約二〇円の金を払い、去ってゆく。まさに「一杯引っかける」という感じそのもの。ただアルコールの要求を満たしているようで、少々侘びしい。

私も一杯飲んでみた。不味い！　変に水っぽくて、しかも甘いのだ。バリ島のクタで売っていたココヤシのトゥアクも同じような味がした。集めたトディに桶で水と砂糖を足し、追加醗酵させているのは明らかである。現在のように砂糖が安く出回っていれば、それもまたやむをえない気もするが、一抹《いちまつ》の淋しさもある。何がしかの金を払い、複雑な思いで店を後にした。

今日はコロンンボで泊まることになっている。

パルミラヤシ開発局

かつてスリランカ勤務のときカウンター・パートであったチェルワットトレイさんは、いまオーストラリアにいる。打ち続くスリランカの民族紛争に嫌気がさした彼女は、同じタミル系である弁護士のご主人とともにオーストラリアに移住し、すでに国籍も取得している。ヤシ酒調査のためスリランカを再訪するに当たり、チェルワットトレイさんにも手紙で相談した。スリランカではパルミラヤシについても調べたいのだが、パルミラヤシの主産地ジャフナはタミル過激派の支配下にあり、入域不可能な状態にある。私はジャフナへゆく代わりとなる情報源がぜひとも欲しかった。

チェルワットレイさんから、コロンボにあるパルミラヤシ開発局を利用するように、との返事がきた。手紙には、コロンボ在住の妹さんを通じて手に入れた開発局のパンフレットまで同封してあり、「訪ねてゆけば、必ず収穫があるはず」と書いてあった。そのようなわけで、パルミラヤシ開発局を訪問することは、私のコロンボにおける最重要事項であった。

パルミラヤシ開発局のパンフレット類
（左：関連食品の調理法、右：最近10年の関連産業の発展）

午前中に博物館見学や本屋の買物をすませ、昼食をとってからパルミラヤシ開発局に向かった。その建物はコロンボの中心から国道二号を少し南に下がったところにある。国道に面した部分がパルミラヤシ製品の売店になっているので、簡単に見つけることができた。パルミラヤシは、ジャフナの人々にとっては特別な樹で、果実ばかりではなく、葉、幹、根、あらゆる部分が利用され、それらの用途は八〇一通りもあるとされてい

パルミラヤシ食品販売の看板

る。したがって、ジャフナ出身のタミル系住人が多いコロンボでは、パルミラヤシ製品に対する根強い需要があると思われる。

来意を告げるとすぐ奥に通され、対応してくれた二人のうちの一人がテイウェンディララージャ教授であった。教授の名前に記憶があった私は驚いた。スタインクラウスが編集した『地域固有醗酵食品ハンドブック』のヤシ酒部分の執筆者の一人である。たまたま、その部分のコピーをもっていたので、出して見せると教授も驚き、

「私は、この本を持っていないのですよ」

と言いながら懐かしそうに見ている。教授はジャフナ大学で植物学の教鞭をとっていたが、騒乱を避けてコロンボにいる間、パルミラヤシ開発局の顧問をしているのだ。

パルミラヤシ開発局で対応してくれた2人
右がテイウェンディララージャ教授

教授にははなはだ申し訳ないが、これは私にとって千載一遇の幸運とも言うべきことであった。パルミラヤシの樹液採取から醗酵までの詳しい説明ばかりか、雌花や雄花の写真までもらえた。教授の説明には、私にとって最も重要なこと、つまり、花序を切ってから樹液が流れ出すまでに数日かかることもあった。さらに、これは後日のことであるが、その時の口頭による説明を裏付けるために、パルミラヤシの採液に関する研究の図解入り報告をコピーして送ってくれた。

私は思い切って、ヤシ類が傷口から樹液を出し続けるメカニズムをどう考えるか聞いてみた。

「まだよくわかっていません。しかし、私はエチレンが関係しているのではないかと思っています。EDTAの溶液で傷口を処理すると、樹液の収量が増える現象に興味を持っていますが、エチレンの作用と、どこかで共通するところがあるのではないでしょうか」

エチレンは植物ホルモンの一種として各種の作用が報告されている物質だ。私たちにとって身近な例として、冷蔵庫にリンゴを入れると中の生野菜が腐りやすいことがある。これは、リンゴから大量に発生しているエチレンが野菜の老化を促進するからである。このようにエチレンは、成熟した果実で大量に生成されるが、接触、病傷害、薬物処理などのストレスを受けた植物体でも激増する。

EDTAは、エチレンジアミン四酢酸の略号で、カルシュウムなど金属イオンと結合する力が強い。その篩管流に対する作用については、私もかねてから興味を持っていた。それと樹液流出との関係を次章（第4章）で詳しく検討したい。いずれにしても、教授の意見には教えられるところが多かった。

ころあいをみて、私たちが辞去の挨拶をしだすと、

「ちょっと待って下さい、お役に立ちそうなものがありますよ」

と言って、一束の書類を探してきた。急いで目を通すと、パルミラヤシ開発局が主催したキトゥルヤシ採液の講習会で使った資料である。この役所は、パルミラヤシばかりではなく、ヤシ全般の開発にも関与しているらしい。私が挨拶で、これからキトゥルヤシの採液についても調べるつもりだと言ったので、気をきかしてくれたのだ。

瓶詰のパルミラ酒（トディ）

パルミラヤシ開発局でキトゥルヤシ採液の図解資料が手に入るとは考えてもいなかった。それも正式の印刷物ではないから、この機会を逃したら二度と手に入らなかったであろう。キトゥルヤシも、花序を切ってから一日か二日で樹液の滴下が始まり、通常の量が出るようになるまでには約一週間かかると書いてある。

これまで私は、ヤシ類の採液について、いろいろと読んだり、聞いたり、現場も見てきたが、すべて高い樹の上のことを「又聞《またぎき》」とか「瞥見《べっけん》」したに過ぎない。それを補うために図や写真で解説している資料をずいぶんと探し求めたが、なかなか見つからなかった。今回の調査旅行の目的は、採液に関する詳しい情報と、その裏付け資料の入手である。それがすでに、ココヤシ研究所でココヤシの資料が手に入り、今回パルミラヤシ開発局でキトゥルヤシの資料がもらえた。パルミラヤシについても、テイウェンディラララージャ教授が請け合ってくれた。幸運に助けられて、調査は一つの大きな峠を越したと言える。

その日の泊まりはベルワラであったが、私たちはパルミラ開発局からお土産にもらった瓶詰のパルミラ・トディで祝杯をあげた。近代的な洋式ホテルの夕食に、トディはいささか不似合いであったが、私にとって、これにまさるワインはなかった。十数年前、ジャフナのヤシ林で飲んだトディの味に較ぶべくもないが、この度あちこちの居酒屋で飲んだココヤシ・トディよりはるかに美味しい。異臭や酢酸味がほとんどなく、アルコール濃度も高い。ラベルを見ると、マンナールで瓶詰されている。マンナールもジャフナなどとともに、外国人には入れない内戦の危険地域だ。どのようなルートで運ばれてくるのであろうか。

パルミラヤシの採液法

後日、約束通り、テイウェンディララージャ教授から、パルミラヤシの採液法を詳しく説明したティルカネーサンとの共著論文（一九七八年）が送られてきた。原文は英語なので、その要点を以下に訳出する。

パルミラヤシの樹高は一五〜二〇メートルにまでなり、幹の直径は六〇〜九〇センチに達する。年を経た幹は黒色で、葉柄の落ちた痕がある。幹の中心には軟らかい髄部分があり、若干の澱粉を蓄えている。葉は幹の先端部にあり、直径〇・六〜一・五メートルの扇状、革質。葉柄は長い背骨状。このヤシは雌雄異株で、一二〜一五年を経て生殖生長を始めるまで、雌雄の識別は不可能である。

葉は多くのヤシと同じように、一節に一葉、一定の角度

手入れのゆき届いたパルミラヤシの林（1975年ジャフナにて撮影）

（基本的に一二〇度）でずれながら生ずる（螺旋葉序）。雄株も雌株も、花序は各葉腋に形成される。雄花の花序は、鱗状に重なる多数の苞によって包まれ、いくつかの枝に分岐している。それらの枝（枝梗という）は、それぞれが苞で包まれ、さらに二〜三本の小穂に分かれる。各枝梗の小穂が一本だけの場合もある。各小穂は長さが約三〇センチあり、多数の柄のない小さな花が着生する。雌花の花序は、短く分岐し、各分岐に一個の柄のない花が着生する。一本の花序につく花の数は八〜一二個で、螺旋状に配列する。雌花は雄花より大きい。葉腋ごとに花序の形成時期はすべて異なるので、異なった生育段階を一本の樹で同時に観察できる。

樹液は雄株からも雌株からもとれるが、雄株と雌株、若い花序と齢の進んだ花序では採液の方法が異なる。

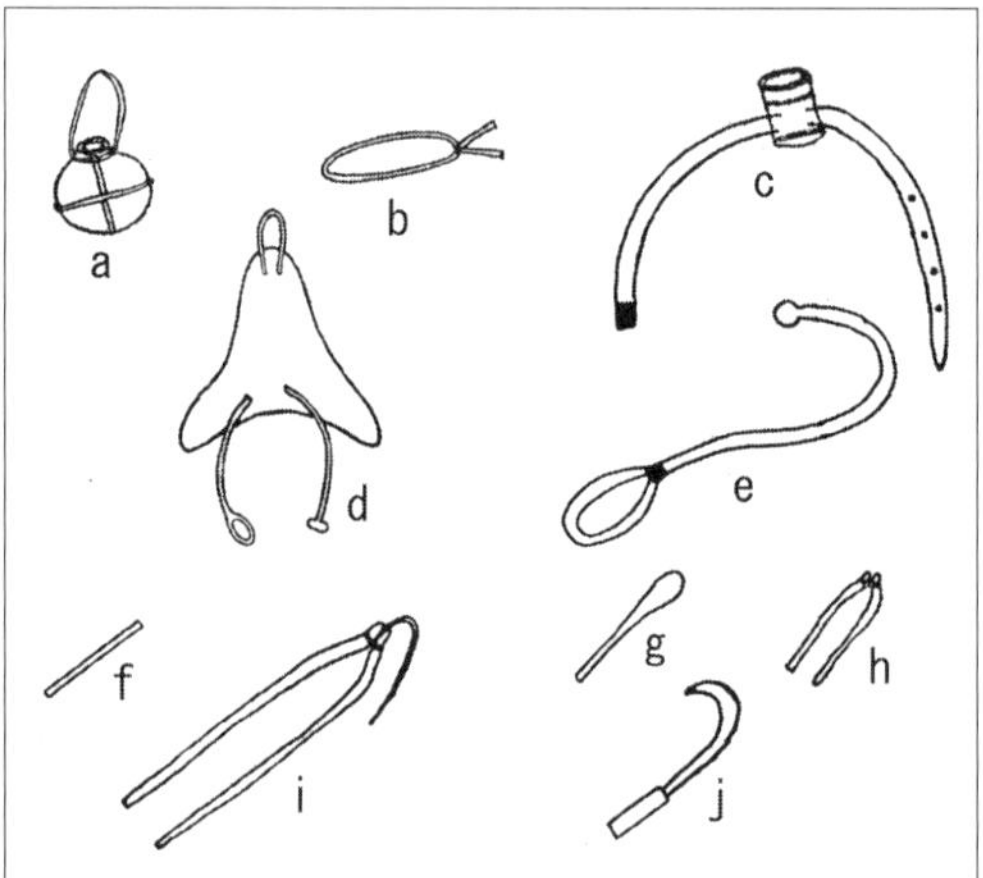

パルミラヤシ採液の道具類（ティルカネーサンらの論文より）

【採液に用いる道具類】

おもな道具類は、集液用の素焼き壺（図a）長さが約三〇センチで直径が一センチあまりの鉄棒（図f）、長さが約三〇センチで直径が約一・五センチの鉄製棍棒状のパライ（図g）、ペンチのような形をした木製のワルタディ（図h）とカダプタディ（図i）、ナイフ（図j）などである。

また採液職人は、樹に登る前に、登りを容易にするため、裂いて乾かしたパルミラヤシの葉もしくは葉柄の皮でつくった細い紐の輪（図b）を両足首の間につけ、その紐が足首に傷をつけないように革の草履（図d）を履き、道具袋や素焼壺を下げる帯（図c）を腰に巻き、樹上の作業中に転落することを防ぐためのロープ（図e）を持ってゆく。

異なった採液方法では、異なった道具が用いられる。採液職人は、時期や樹によって道具を選ぶので、いつも全部の道具を持って樹に登るわけではない。

【雄花序の前処理】

雄株の採液は一二月から二月にかけて行われる。花序の伸長が一一月末に始まり、花序が若い間（二週間期）は、アリパナルと呼ばれる方法で採液される。若い花序は数層の苞に包まれているが、これらの苞を除き、中身を三日間乾かす。他の方法とは違って日に曝す以外の処理は行わない。三日後に花序の先端を切る。樹液の流出が始まっても、花序が雨で濡れればただちに止まり、その花序は廃棄される。一本の花

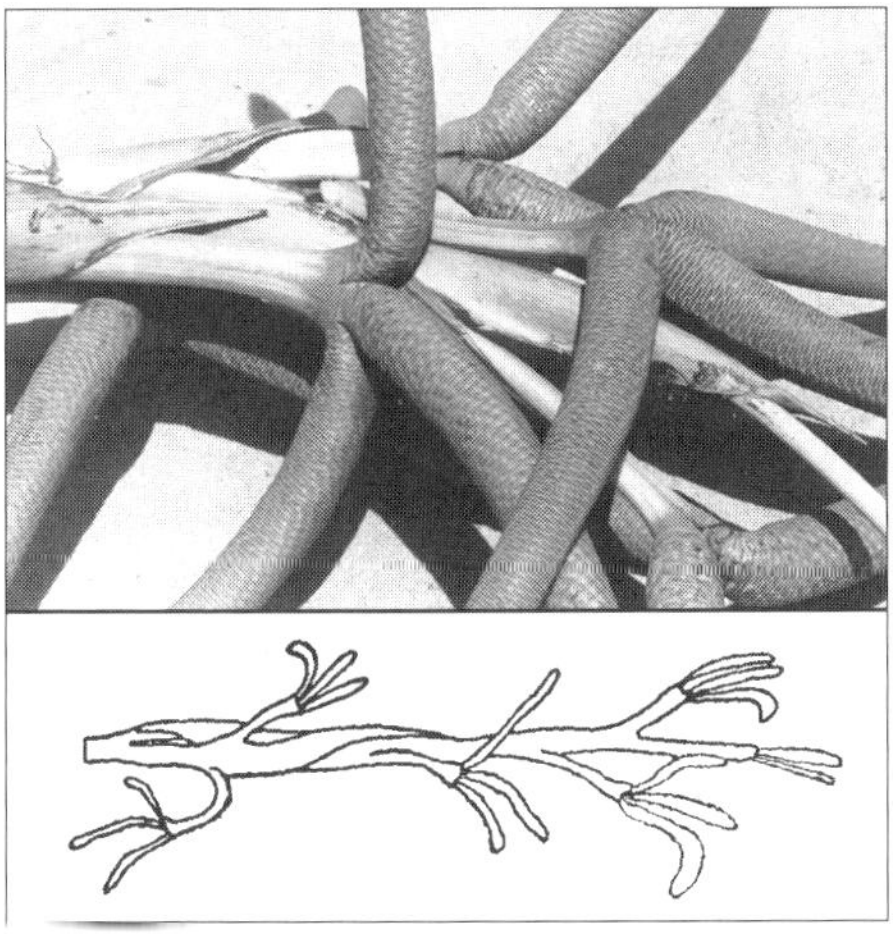

パルミラヤシ雄花の花序
（テイウェンディララージャ教授提供）

序は一カ月から一カ月半採液できる。

花序が一カ月期になると、ワルパナルと呼ばれる第二の方法を用いる。この方法で使う道具はワルタディである。ワルタディは二本の木片でできたペンチのような形をしている。ペンチの各腕は長さが約三〇センチ、直径が一センチあまりである。このワルタディの一方の腕はソケイの一種 *Jasminum angustifolium*、他の腕はストリクノス属植物の一種 *Strychnos* **sp.**もしくはハナシンボウギの一種 *Glycosmis* **sp.**の材でつくる。この時期の花序はすでに枝分かれし、各枝（枝梗）からは二本か三本の小穂が伸長している。この各小穂に以下の処理を加える。①一方の端を挟み他の端まで移動させてしごく。②同じ処理を反対方向に行う。③捻る。このワルタディで挟んで潰す処理を主軸にも加える。これらの処理を受けた花序の花は、もう開花することはない。採液に際しては、三本から六本の小穂（二本の枝梗ということになる）を一緒にパルミラヤシの葉で包み、一個の集液壺に挿入する。一本の花序につけられる壺の数は二〜四個になるが、その数は小穂の数、各枝梗間の距離などによる。

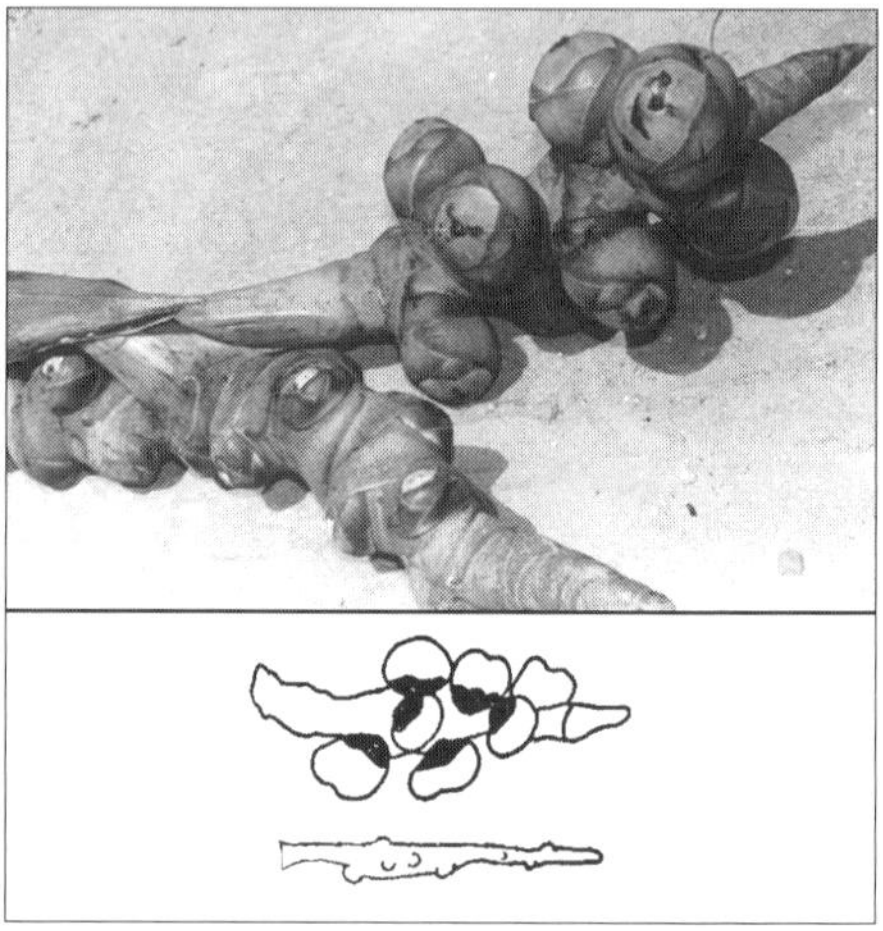

パルミラヤシ雌花の花序
（テイウェンディララージャ教授提供）

【雌花序の前処理】

雌株からの採液期間は四月から一二月までで、雄株の採液期間が一二月から二月までに較べると長い。開花は四月か五月である。

花芽の形成後二週間経つと、タットゥパライと呼ばれる方法で採液する。この方法による採液は六月までである。鉄棒のような道具やカダプタディを用いる。カダプタディは黒檀の木でつくられ、七五～九〇センチのペンチのような形をしている。採液職人は、花序の主軸を鉄棒で叩いて柔らかくし、雌花の部分をペンチで強く潰し、花序の先端部分を切断する。

花序が二～三カ月期になると、カルウェッティと呼ばれる別の方法で採液する。七月から一一月に使われる方法で、この時期になると、花序上の果実は肥大しだす。

この方法には二人の職人が必要である。一人が花序の軸をしっかりと保持する。他の一人がパライと呼ばれる鉄製の棍棒を果実と果実の間に差し込み、上下に動かすマッサージを行い、組織を柔らかくしてから、花序の先端部を切断する。

【採液作業】

このように花序を叩いたり潰したりして、いわゆる前処理を花序に施すのは、以降の花序の生長を止め、樹液の流出を助長するためである。この前処理を花序に与えても、樹液の流出がただちに起こるわけではない。樹液が流出するまでには、七日かそれ以上かかり、その日

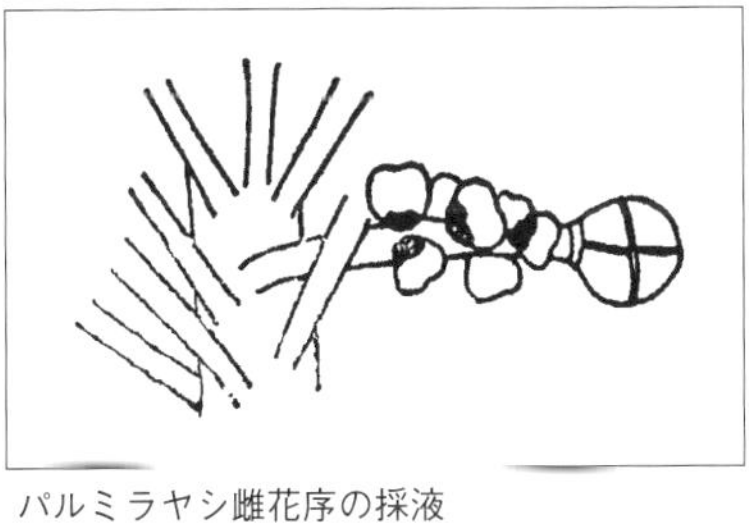

パルミラヤシ雌花序の採液
（ティルカネーサンらの論文より）

樹液の収量

雌雄の別	花序の齢	花序の長さ(㎝)	樹液収量／花序(cc)
雌　株	幼若	30～45	1,125～1,500
	成熟	60～75	1,125～1,500
雄　株	幼若	30～60	375～　750
	成熟	75～90	1,125～1,500

数は花序に加えられた前処理の量や樹の特性などによって変わる。

樹液の流出が始まるまで、花序に対する前処理を三日間隔で行う。採液職人は、三日間隔で同じ樹に登り、同じ処理を行い、花序の先端部から厚さ五～一〇ミリの薄片を切りとる。この作業を樹液が切り口に流出してくるまで繰り返す。

樹液の滴下が始まったら集液用の素焼壺で受ける。その際、花序の先端部は壺の口とちょうど合う太さになるまでパルミラヤシの葉で巻き、壺は位置を保つために近くの葉柄と縄で結ぶ。採液職人は一般に朝夕の二回樹に登り、樹の上の壺に溜まった樹液を腰の壺に移し、花序の切り戻しを行って降りてくる。

【樹液の収量】

樹の雌雄、あるいは花序が幼若か成熟しているかにかかわらず、流出開始当初の樹液量は三五〇ccていどである。樹液の流出量が一日当たり一～一・五リットル（若い雄花序の場合は半分以下）の正常量になるまでには、一二日～一四日かかる。流出開始当初の樹液は、糖濃度も低く量も少ないので、役に立たない。流出開始から八日目以降の樹液が実際に用いられる。総収量は、一樹当たりの花序の数、花序に対する前処理の量、樹の特性、風量、温度、雨量、土壌の性質などの環境壊条件によって左右される。

平均的な樹液収量における雌株の別あるいは花序の生育段階の差を前頁の表に示した。一樹当たりの花序数は、雌株の場合二から八、雄株の場合四から一〇の間である。

ヤシ酒蒸留工場

ベルワラには、トディを蒸留してアラックにする工場がある。十数年前のスリランカ勤務中に、門の前まできたが、構内には入らなかった工場だ。

空樽がゴロゴロと転がる構内に入ると、工場の入口に置いた机を前にして、数人の人々が座っているのが見えた。牛車で運び込まれるトディの樽を待ち受けているのである。その中に、工場の責任者エマースン・シルヴァ氏がいて、何の紹介も持っていなかったのにもかかわらず、快く見学を許してくれた。

工場内部の案内に先立って、工場の概略について説明を受けた。この工場では、ココヤシのトディ（醗酵酒）からアルコール（正確にいえばエチル・アルコール＝エタノ

ココヤシ酒（トディ）を蒸留工場へ運ぶ牛車

樽のヤシ酒（トディ）を計量して工場の貯蔵槽へ移す

ール）分を蒸留してスピリット（蒸留酒）を生産しているが、原料のトディは、契約した近隣のヤシ園のトディ生産者から買いとっている。現在の契約者は二八五人で、その全員に対して、使用する樽やロープなどの資材を貸与する。各樽には棒ゲージがセットになっていて、樽の孔から挿入して濡れる高さで液量を計る。樽が搬入されると、トディの量とアルコール濃度を記録してから工場内の貯蔵槽に移す。清算は月毎に行う。トディのアルコール濃度はほぼ五%であるが、七・五%に達するものもある。濃度測定に要する時間は一件約四分間である。ト

盗み飲みをする番人

ヤシ酒（トディ）の貯蔵槽室

ディの搬入は午前一〇時頃始まり、昼過ぎピークに達し、夕方五時頃まで続く。この工場は二五〇〇～二七〇〇〇リットルの貯蔵槽一〇基を備え、一日に扱うトディの量は二万リットルあまりであるが、アルコール濃度を高めるための追加醗酵をさせるようなことはない。午後一時に蒸留を開始し、その日に搬入されたトディは、その日のうちに蒸留を完了する。製品スピリットのアルコール濃度は七二％で、全量をアラックの製造会社に売却する。アラックの製造会社では、他の製品とブレンドし、アルコール濃度を三〇～四〇％に調整、貯蔵熟成処理を経て瓶詰のアラックとする。

工場の中に入ると、右手に貯蔵槽室があり、三千リットルに近いトディをまんまんとたたえた大桶の列は壮観であった。ふと見ると、桶の陰にヤシ殻の椀が隠してあり、室の番をしている男が、それを持って飲む仕草をする。番をしながら飲み放題というわけである。それをシルヴァ氏も見て見ぬふりをしているのであるから、スリランカという国はおおらかな国だとつくづく思う。

工場の中央部は三階まで吹き抜けになっていて、二基の蒸留機が据えてあり、稼働中なのでむっとする暑さとともに、饐《す》えたトディの匂いが充満している。シルヴァ氏自慢のドイツ製連続式蒸留機で

2基の連続式蒸留装置

中古蒸気機関車のボイラー

ある。構造が単純で分解修理も自力で行えるため、保守管理が容易だと言う。パテント・スチルと呼ばれる装置の一種で、きわめて能率良くトディからアルコール分を回収できる。銅製の高い塔が分離塔で、いくつかの分離棚を積み重ねた構造になっていて、その最上段に入ったトディは、棚を順次下降しながら、塔の下部から吹き込まれた水蒸気と遭って次第にアルコール分を失い、最後に底部から排出される。一方、アルコールを含む水蒸気は塔の頂部から精留器に導かれ、そこで凝結と蒸発を繰り返してアルコール濃度を高め、最高九五％にも達する。

分離塔の横を抜けて建物の裏側に回ると、そこが水蒸気を供給するボイラー室であった。薄暗がりに目が馴れてくると、巨大な蒸気機関車が二台並んでいる。蒸気機関車のお古をボイラーとして使っているのである。さすがに車輪は外してあるが、その他はほとんど元のままだ。

「ウワー、蒸気機関車じゃありませんか」

思わず声をあげると、シルヴァ氏も、

「能率が良くてね、最高ですよ」

と得意満面である。

ボイラーの向側に積んである山のような薪は、ゴムノキの廃木である。この国では製茶工場の燃料もゴムノキだ。火力が強く、しかも石炭より安価とのことであるが、次第に品薄になる傾向だそうである。

ヤシ酒職人の親子

次の日の朝、目を覚ますとすぐ、五〇〇ミリの望遠レンズをカメラにつけ、外にでた。今度こそ、どうしてもココヤシの樹液採取の様子をカメラに収めたかった。ココヤシの樹液採取は、高さ二〇メートルから三〇メートルもある樹冠部で行われるから、標準レンズでは肝心の部分が豆ツブのようにしか写らない。かつての苦い経験から、思い切って反射型の長焦点レンズを奮発してきたのである。

ホテルの周りには、採液をしているココヤシの樹がいくらでもあった。ロープを張り渡してある樹を双眼鏡で観察すると、必ず樹冠の葉の根元に丸い素焼壺が見える。壺は一本の樹に一個から三個かかっている。つまり、その数だけ採液中の花序があるとい

ココヤシの採液壺（綱で上から吊っている）

うことである。花序を適当な角度に曲げるために、縄が下の葉柄との間に掛けられている。壺の落下を防止するためであろうか、壺の首に着けた縄が上の葉柄に結びつけられているのもはっきりとわかる。

私は場所を変えては三脚を据え、それらの写真を撮った。中には、鳥が何かをしきりについばんでいる壺もあった。しかし結局のところ、採液職人が作業をしている現場には一度も逢えなかった。

「あら、ロープの上に人影が見えたわ」

自動車がベルワラから国道二号をさらに南に向けて走りだして間もなく、窓の外を眺めていた家内が叫んだ。ココヤシの採液現場に接する機会は意外と少ないもので、今朝もホテル周辺のヤシ園をずいぶん見て回ったが、一度も出逢っていない。即座に自動車を止めてもらった。

国道に面したヤシ林の中に樽を積んだ牛車が止まっている。林の奥の方で樹の上と下に人影があり、樹上の人影はロープを伝わりながら次第に近づき、それとともに地上の人影も移動する。ときどき、ポコポコポコポコと木槌で花序を叩く音が響く。

壺の口によく鳥がいる
（目的が中の酒なのか集まる虫なのか不明）

やがて、その姿がすぐ近くの樹まできたので、仕事の様子がよくわかるようになった。花序から被せてある壺を外し、壺の液を腰の瓢箪に移すと、花序の先端部をタッピング・ナイフで切り戻して、壺をまた花序に被せる。一本の樹で二本とか三本の花序から採液をしている場合には、同様の作業を繰り返す。瓢箪が一杯になると縄で降ろし、地上の人が中味を桶に移す。木槌で叩く花序は、採液を始める前か、採液開始直後である。

職人は下綱に足を乗せ、上綱を手で摑んで樹から樹へ渡る

一連の採液作業が終わり、とれたトディを桶から牛車の樽に移す作業になった。牛車の側に並べられた桶をのぞき込むと、例によってトディの上に盛り上がった白い泡には、ゴミとともに大量のショウジョウバエが混じっている。それを濾過用金網のついたプラスチック製の漏

桶に集めたヤシ酒（トディ）を漉しながら牛車の樽に移す

斗で除きながら樽に流し込む。おそらく契約している蒸留工場から支給されたのであろう。前に見た多くの採液職人は、木製の漏斗を使い、それに被せた粗い布で漉していた。汚い漏斗と煮染めたような漉し布は、いかにも不潔であるが、それがプラスチックと金網になったところで五十歩百歩、姑息《こそく》な手段であることに違いはない。さりとて、樹上で芳香を放つトディからショウジョウバエの飛び込みを完全に防ぐことは、至難の業である。花序と採液壺の隙間を塞ぐように指導されているが、仕事の能率を考えると、言うに易くして実行は無理だ。

さっきから見ていると、どうもこの二人は親子らしい。樹に登るのも、牛車の上で桶のトディを樽に移すのも若い方で、辛い仕事は全部若いのが引き受けている。声をかけてみると、やはり親子であった。父親は四〇歳台、まだそれほどの年齢ではないが、なんとなく元気がない。息子はうっすらと鬚を生やし、たぶん一八〜一九歳だ。体力の限界を感じた父親が、息子に後を継がせるべく特訓中でもあるのだろうか。それにしても、息子が喜んで仕事をしているふうなのでほほえましい。立派な後継者に恵まれた父親は幸せである。

ココヤシ酒とり職人の親子

せっかくの機会なので、例によって一杯飲んでみたくなった。頼むと父親が快く応じ、私のさしだしたコップに、たっぷりと汲んでくれた。

「ホントに大丈夫なの」

家内がしきりに牽制する。

「そもそもショウジョウバエは、熟れた果物につくハエだから別条ないよ」

理屈にもならない屁理屈をこねながら、一息に飲み干すと、これまた心配げに見守っていた親子もホッとした表情である。

正直に言って、私だってショウジョウバエの死骸は気になる。だが、古来「虎穴に入らずんば虎児を得ず」の教訓もあり、「毒を食らわば皿まで」の心境でもある。何事も試してみなければわからない。それに、ショウジョウバエの姿を見たか見ないかの違いだけで、トディはすでに何度も飲んでいるから、今さらということもある。とにかく、これは樹から降ろしたばかり、新鮮で混ぜものなしであることに間違いない。酸味はいくらかあるものの、硫化水素臭がほとんどなく、ネゴンボや国道筋の居酒屋で飲んだのよりはるかにましであった。そうでなくても、飲みかけで捨てるなどもってのほかの行為だ。

別れぎわにカメラを構えると、息子はタッピング・ナイフと木槌を手に持ってポーズをとってくれた。私が示した飲みっぷりの効果が、ちゃんと表れている。

今晩の泊まりはハンバントータである。

キトゥルヤシの採液現場

ハンバントータをでて、国道二号が内陸部へ向けて針路を東北に変えると、間もなく天日製塩の塩田があり、それを過ぎるとキリ・ハティヤ（ヨーグルト）を売る店が点々と続く。やがて右手に古代都市ティッサマハラマがある。このあたりのドライ・ゾーン（少雨地帯）には、紀元前からルフナ（ローハナ）と呼ばれる古代シンハラ国家が発展し、北部のアヌラダプーラを中心とするシンハラ国家と本家分家のような関係にあった。そこから国道二号はほぼ一直線に北上する。ウェッラワヤに近づき、少しずつ高度が上がると、次第に樹木が増え、景観がウェット・ゾーン（多雨地帯）に変わってゆくのがわかる。ウェッラヤワを過ぎて、長い九十九折れの坂道を一気に登るとエラである。さらにバンダラウエラ、ウェリマダを通り、ハッガラ植物園の横を抜ければヌワラエリヤの郊外シータエリヤだ。つまり、キャンディから国道五号でくるのとは、逆の向きでヌワラエリヤに入ったことになる。

翌朝、私たちは五時に起きた。それでも七時に出発するためには、荷物を片づけ、身支度をすると、まともに食堂で朝食をとる時間はない。昨日買ったキリ・ハティヤにヤシ蜜をかけ、バナナとマドレーヌ風ケーキで朝食をすますと、すぐホテルの玄関に出た。運転手はすでに玄関前で待機している。朝の挨拶もそこそこに車に乗り込んでヌワラエリヤを後にした。途中で、かってシータエリヤ農業試験場で私の研究助手をしていたジャヤシンガ君を拾い、曲がりくねった山道を一路ウェリマダに向かう。目的地はジャヤシンガ君の実家があるババラパーナ、ウェリマダから少し奥に入ったところだ。

彼の実家には、十数年前にも一度お邪魔をしている。あのときお世話になったお父さんはもう亡くなっているが、お母さんが健在で万全の準備を整えていた。本来なら朝夕とも五～六時に回って来るキトゥルヤシの採液職人が、時計の針はすでに九時を指しているのに、二人して待っている。日本人と会うのに一人では嫌だと言って、友達といっしょにきているそうだ。お茶を一杯ご馳走になると、私たちは彼らについて裏山へ

現在のヌワラエリヤ中心街、20年前と殆ど変わらない

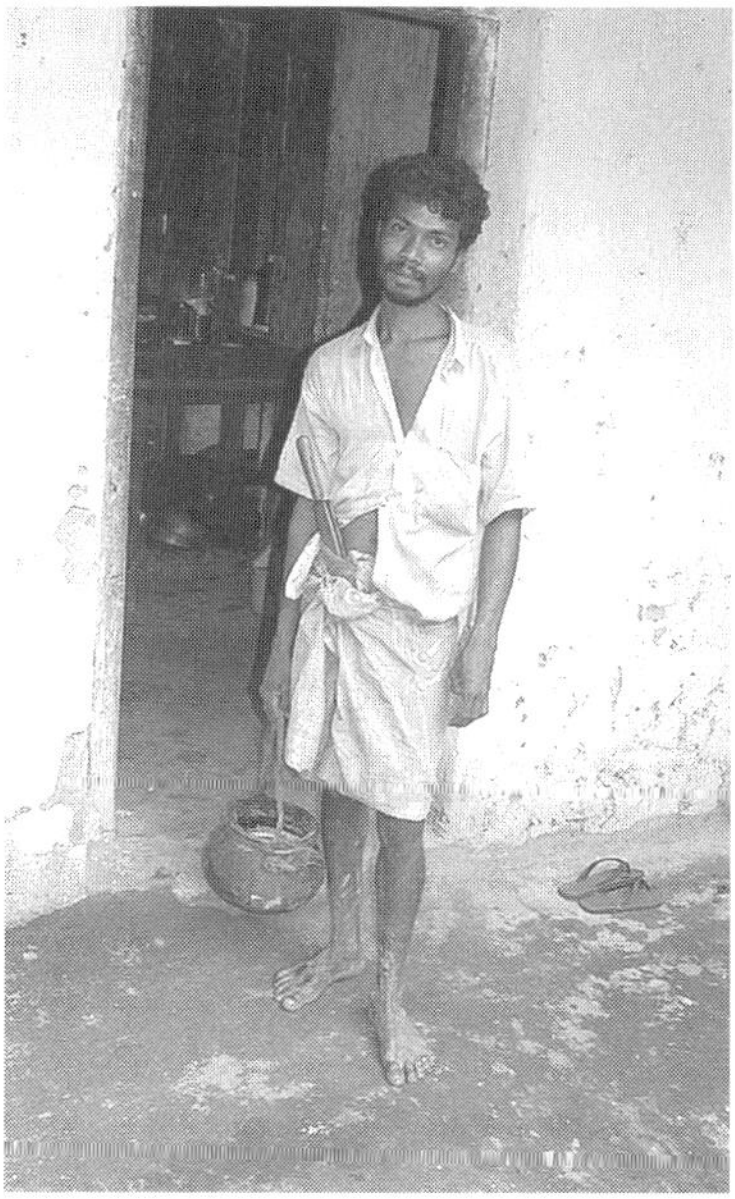

キトゥルヤシの採液職人

木片と砥粉でナイフを研ぐ職人

いった。茶畑になっている急斜面にキトゥルヤシが点々と生えていて、そのうちの三本が採液中である。
　樹に登る前に、一人の職人が平らな木片に砥粉のような粉を振りかけ、ナイフを研ぎだした。このような刃物の研ぎ方は初めて見たが、水のない山での仕事には便利な方法かもしれない。
　ナイフを研ぎ終わると、ヤシの幹に添えてある竹竿に手をかけ、いとも簡単に採液用の壺がある花序のところまで登ってしまった。巨大なヤシの葉柄は格好の足場になる。壺に被せてある雨よけのビニール・シートと外し、かかっていた壺をとり、花序の先端を切り戻すと、持って上がった空の壺をかけ、ビニール・シートをていねいに被せ、樹液の溜まった壺を持って降りてきた。登降時間を含め、一連の作業にものの五分とかからない。壺は約五リットルの容量で、中を見ると、八分ほど溜まった樹液に泡立ちはまったく見られなかった。
　せっかくのチャンスなので、ジャヤシンガ君に通訳を頼み、最初に花序を切ってから樹液が滴下するまでの日数を、職人たちから聞きだしてもらう。スリランカでは英語が通ずると言われているが、それはあくまでも都会での話であって、田舎ではそうはゆかない。現地調査には、気心の知れ

壺を懸け、防水シートを被せる

花序の先端を切り戻す

た通訳が絶対に必要である。二人の職人はしばらく相談していたが、やはり二日から一週間はかかるとの答えであった。

キトゥルヤシの採液では、花序の基部に穴を穿《うが》ち、コショウやトウガラシなど刺激性の物質を詰めるといわれる。これは、花序先端の傷口からの樹液流出を増やしたり、継続させたりするのに効果があると考えられている。人間の傷でも血管が拡張するような刺激を与えると、出血が増えることからの単なる連想なのか。本当に効果があるのか、比較実験の報告がないのでよくわからない。しかし、コショウとかトウガラシのように人間にとって刺激の強い物質というのではなく、例えばエチレンの生成を促す刺激物質というのであれば、むやみに否定すべきではないように思える。ちなみに、インドネシアで見たサトウヤシの

アレカヤシ葉鞘製の採液容器

採液では、花序の形がキトゥルヤシとよく似ているのに、このような処理はまったく行われていなかった。

　いずれにしても、その作業は採液開始前の若い花序に限って行われるので、残念ながら見られなかったが、採液用の壺の代わりに、アレカヤシの葉柄でつくった容器で採液するのを見ることができた。アレカヤシの葉柄は革質で、幅が約三〇センチ、長さが五〇センチほどもあるので、箱形に折ると、ちょっとした容器になる。ちょうど、日本の竹の皮のようなものと考えて頂ければよい。と言っても、液体をこぼさずに入れられるのはせいぜい一リットルほどであるから、キトゥルヤシの採液に用いるのは、樹液の流出量が少ない採液初期や末期の花序だけである。

　家に戻り、とったばかりの樹液をさっそく飲ませてもらった。ガラスのコップに注いだ樹液に濁りはほとんどなく、口に含むと少し青臭い匂いがあり、甘味としては蔗糖が一五～一六％であろうか、かすかに炭酸のような刺激味を舌に感ずる。乳酸とかアルコールの味はまったくなく、微生物の繁殖はかなり少ないようなので、製糖用の樹液として相当に良好な状態が保たれている。かすかな刺激味は、壺の内面に塗布してある醗酵防止用の石灰によるのかもしれない。それも特に気になるほどではなく、和梨の果汁を搾ったら、ちょうどこのような味になるのではないかと思われた。

キトゥルヤシの採液法

このヤシの採液方法は、地域の伝統によって大きな差があり、また採液職人個人によっても違う。しかし、テイウェンディララージャ教授がキトゥルヤシ生産のワークショップのために書いた資料（一九九一年）は、それらも含めて詳しいので、以下に抄訳する（一六五頁参照）。

キトゥルヤシは、熱帯の多雨地帯に分布し、比較的低温にも耐えるため、海抜一二〇〇メートルくらいまでの丘陵地でも生育する。森の中、人家の庭などに見られるが、人為的に植栽されることはまれで、多くは自生である。一〇～一五年の栄養生長の後、頂部の花序形成とともに生殖生長に入る。この時樹冠部には一〇～二〇枚の葉があるが、以後新しい葉を生ずることはなく、最下位葉から次第に脱落する。

花序は、幹の頂部から始まって、上から下の葉腋に周期的な間隔で生じ、初めは数枚の苞を被り、竹の子状であるが、後に主軸から分岐した六〇本以上の細い軸（専門用語で枝梗という）が馬の尾状に垂れ下がり、成熟すると三～四メートルになる。雌雄同株であるが雄花と雌花がある。径約一・五センチの果実が一つの花序に数百個生ずる。一本の樹に生ずる花序の数は、現存する葉の数と密接に関係し、一般に六～一五本である。最下位の花序で果実が成熟すると、その樹は枯れる。

キトゥルヤシでは、最頂部の花序を用いずに、第二位以下の花序だけを採液に用いる地域が多い。

これは、最頂部花序が採液に適さないというわけではなく、樹の早期枯死を避けたり、一定の割合で種子を残すための地域的な慣習と考えられる。採液の傷が原因で時に枯死することもある。一本の樹で同時に二本の花序から採液する場合には、下位の花序の収量は少ない傾向にある。また、樹勢の低下とともに下部に生ずる花序の収量は少なくなる。普通一本の樹で二〜六本の花序を用いて三〜五年間採液されるが、場合によって一〇本前後の花序から五年以上にわたって採液されることもある。

他のヤシの採液と同様に、キトゥルヤシの採液も特別な技術や経験を必要とするので、古くは専門の採液職人（タッパー）が職業的なカーストを形成していた。しかし現在ではカーストと無関係になっ

キトゥルヤシの採液模式図
（パルミラヤシ開発局資料）

多くの花序をつけているキトゥルヤシ

ている。村の採液職人は樹の持ち主ととれた樹液を隔日に受けとる契約を結ぶ。また国有林周辺の住人は、森林中のキトゥルヤシを利用する特別許可を政府から得ている。

【採液に用いる道具類】

ココヤシの場合より少なく、湾曲した刃のタッピング・ナイフ一丁、幅約六ミリの鑿《のみ》もしくは先の尖った棒、集液用の容器（素焼壺、アルミニウムやプラスチックの容器、アレカヤシの葉柄でつくったバスケットなど）がおもなものである。

【採液の前処理】

採液予定の樹には、登り降り用の梯子として、その土地で入手容易な細長い木とか竹竿を幹に縛りつける。採液に用いるのは開裂直前の花序で、採液に先立って前処理を施す。

まず、苞表面の毛をココナッツ殻の繊維で擦り落とす。次に、苞の先端部分を数カ所で縦に裂き、中にある未成熟の雄花や雌花がついている若い生育中の枝梗を外気と日光にほぼ三日間曝《さら》す。まだ苞に包まれていた若い花序を人為的に剝いてしまうことは、花序に若干の損傷を与え、強い刺激になるので、後述の薬剤処理と同じような効果を期待しているのだ。この間花序を濡らしてはならないので、夜間とか雨が降る場合にはアレカヤシの葉鞘やプラスチック・フイルムなどで覆う。

この曝気《ばくき》処理が終わったら、開いた苞を元の位置に戻し、枝梗の房部分を主軸が切り口に現れる位置で切り揃える（図E）。枝梗を切り揃えた花序は、先端から枝梗が枝分かれする部分までヤシ縄でていねいに巻く（図D）。縄を巻く部分は四五〜六〇センチ、残りの主軸部分（縄を巻かない部分）も四五〜六〇センチある。

曝気処理をまったく行わずに、苞の上から花序全体を軽く丹念に叩いてから、ただちに先端部を切る方法や、曝気処理の代わりに、苞を除いてから枝梗部分に巻いたヤシ縄に火をつけて焼いたり、あるいは苞を除いた花序全体を特製の木槌などで丹念に叩いて、ただちに枝梗を切り揃える方法もある。これらの処理も、花序に若干の損傷を与えて、樹液の流出や継続を図るということでは、曝気処理と同じである。

花序先端部の切断は一般に夕方行われ、その際、ある種の薬剤を調合して花序に処理する。この薬剤処理はキトゥルヤシ採液の特徴である。薬剤の成分は地域や採液職人によって違い、かつては秘伝として内緒にされていたが、多くは一九三頁の表に示したような刺激性物質を調合している。現在では、採液職人が個人的に調合するばかりではなく、調合済みのものが市販もされている。内部組織処理と外部表面処理の二通りがある。

内部組織処理とは、花序の基部に穴を開けて薬剤を充填する方法である。すなわち、花序のつけ根から約一五センチのところに、六ミリ幅の鑿あるいは先を鋭く尖らせた細い木で、直径約二・五センチ、深さ約七・五センチの穴を開け、さらに同じ道具で花序の中心部組織を横二方向に約五センチ掘り進む（図F）。調合した薬剤を穴に詰め、花序あるいは葉の基部からとった毛で、穴の口を塞ぐ。口を塞いだ穴は、プラスチック・フィルムあるいは適当な植物質（木の皮など）で覆う。この処理は一本の花序に対して一回だけ行う。ただし、採液期間中に雨が続いて花が生育や硬化を始め、樹液の流出が停止した場合には、煤（炭素）を含む特別処方の薬剤とココナッツ・オイルを主軸から枝梗が分岐する部分に開けた穴に施用する。尖らせた棒で深さ約五センチの穴をあけ、薬剤を充

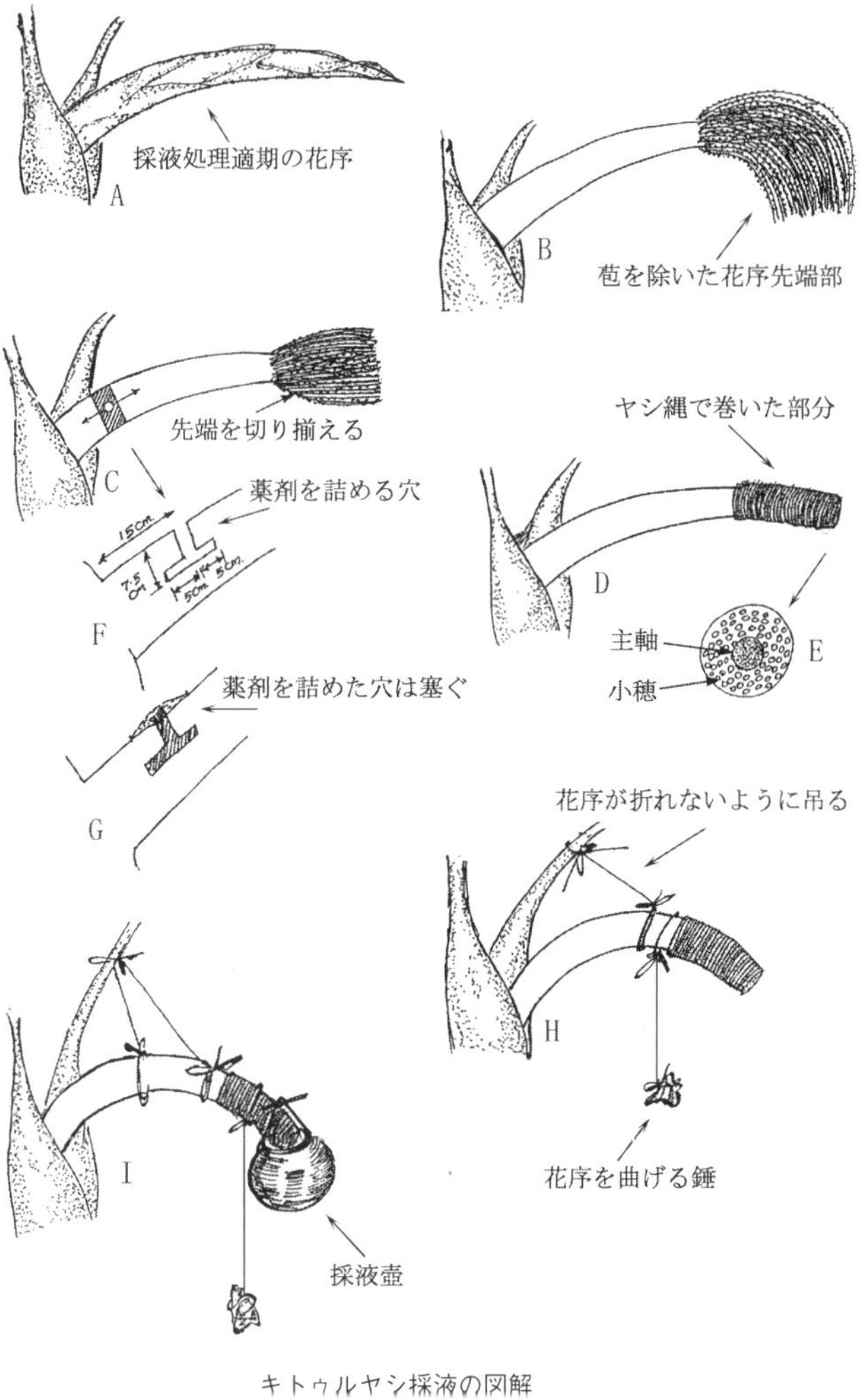

キトゥルヤシ採液の図解
（スリランカ・パルミラヤシ開発局資料より）

塡し、口を植物の毛で塞ぐ。この処理は、樹の流出が止まったときにだけ行うべきで、他の場合に行ってはならない。切り戻しの位置が枝梗の分岐部分を越えると、樹液の流出は比較的安定する。

キトゥルヤシの花序に対する一般的な薬剤処理は内部組織処理である。しかし一部の採液職人は、幹から約二〇センチの花序基部の表面全体に、濃い糊状にした薬剤を塗布する。薬剤を塗布する前に花序の表面を清掃し、ヤシ殻のブラシで少し擦る。塗布した薬剤はプラスチック・フィルムで覆い、樹液の流出が始まるまで放置する。場合によっては、覆いを採液期間中ずっとそのままにしておくこともある。ときに薬剤の内部組織処理に加えて、その後の三日間、花序全長の表面に薬剤塗布を行うこともある。

【採液作業】

樹液滴下は、これらの前処理後、一日か二日で始まり、最初は数滴であるが、日に日に増加して、約一週間で通常の流出量に達する。採液を続けながら、花序の切り口が下を向いて樹液がうまく滴下するように花序をじょじょに曲げる。それには花序の先端に石の錘りを吊るすが、同時に花序が折れたり裂けたりするのを防ぐため、花序の真ん中ぐらいを縄で上の葉に結んだり（一九一頁の図H及びI）、ふたまたになった木の枝で支えたりする。

滴下した樹液は、適当な容器で受け、朝夕二回樹の上から降ろす。樹液を樹から降ろすとき、花序の切り戻しも行う。通常の切り戻し作業は、この朝夕の二回であるが、樹液滴下の初期段階には一日に三回とか四回行う。良好に処理された花序は、三～六カ月の採液が可能である。

キトゥルヤシの採液に用いる薬剤の例

内部組織処理用

①コショウ *Piper nigrum* L.の粉
②トウガラシ *Capsicum annum* L.の粉
③ショウガ *Zingiber officinale*
④ニンニク *Allium sativum* L.
⑤アンケンダ *Acronychia pedunculata* L.の根
⑥パパイア *Carica papaya* L.の根
⑦クドゥ・ミリスの若い葉
⑧ムルンガ *Moringa oleifera* Lam.の樹皮及び根
⑨ケピティヤ *Croton laccifer* L.の若い葉
⑩アサフォエティダ（インド産の香辛料の一種）
⑪ライムの果汁
⑫クダルデヒ *Citrus hystrix* DCの果汁
⑬ココヤシ *Cocos nucifera* L.の殻の灰
⑭食塩NaCl

以上の中から例えば①②③⑪⑬⑭を組み合わす

外部表面処理用

①トウガラシの粉
②アンケンダ *Acronychia pedunculata* L.の葉
③コランコラ *Garcinia tinctoria* DCの葉
④ケピティヤ *Croton laccifer* L.の若い葉
⑤コッチ・ミリス（野生トウガラシ）の緑色果
⑥ライムの果汁
⑦消石灰
⑧ココヤシ果実の殻の灰
⑨煙突もしくは暖炉の煤
⑩食塩

以上の中から例えば③④⑥⓪⑩を組み合わす

【樹液の収量】

　花序一本の一日当たりの収量は、前処理、花序の大きさ、樹勢、土壌、気象条件などによって左右される。文献によると非常にバラツキが大きく、一～二リットルから二〇リットル以上になる。しかし多くの例を総合すると、平均的な条件で二～六リットル、少数の樹で九～一〇リットルになると考えられる。

ミグ二五戦闘機がとりもつ古い縁

　ヌワラエリヤでは、キトゥルヤシの採液現場を見にいった後、古い知人と旧交を暖めたり、茶業研究所を訪ねたりして三泊過ごした。次は、いよいよスリランカ最後の訪問地キャンディである。

　早昼をすませてから出発した。国道五号の長い下り坂は、見渡す限りの茶畑が美しい。ガンポーラを経て、ペラデニヤまでくれば、キャンディはもうすぐそこである。種苗検査センターに寄って、チンタ・ガンゴダウィーラさんと会わなければならない。チンタさんはかつての同僚だ。

　事務所で主任研究官室を聞くと、一番奥であった。入口に真鍮《しんちゅう》の名札がかかった部屋の真ん中に大きな机を据えて、彼女が一人座っている。もともと細い方ではなかったが、あれから十数年、ほどほどに豊かな体型になっているのは、自然の摂理というものであろう。しかし、気のおけないところは少しも前と変わらない。その後のこと、あの人、この人の消息、話したいことは山ほどあるが、勤務時間内である。とにかくキャンディのホテル名を言って辞去することにした。

「勤めは四時までだから、ディーパルと一緒にホテルにゆくわ。彼はヤシ酒の文献を手に入れたみたい」

「六時過ぎから、日本人の友達が夕食に招待してくれているんだけど」

「大丈夫よ、すぐ帰るから。街に用事があるの。文献を早く見た方がいいわ」

私はうなずいた。チンタさんに依頼した文献をご主人のディーパル・ガンゴダウィーラ博士がペラデニヤ大学の図書館で探してくれたらしい。博士はチンタさんと同じ土壌肥料学が専門で、政府の土壌保全局職員として、ときどきシータエリヤ農業試験場にきていたから面識があった。だが、考えてみると、そもそもチンタさんと親しくなったことこそ、奇妙な因縁であった。

一九七六年九月六日つまり私がスリランカで勤務するようになって二年目、ソビエト連邦（現在のロシア）のミグ二五戦闘機が函館空港に強行着陸し、その余波が私たちにも飛び火したのである。

これは世界的な大事件であったから、スリランカの新聞、ラジオでも連日大々的に報道され、一時期、人々の話題をさらった。私の勤め先も例外ではなく、特に朝の始業前など喧喧諤諤《けんけんがくがく》、新しい情報交換が行われ、その中心にはいつも私とチンタさんがいた。私は一方の当事国の日本からきたチンタさんはモスクワのルムンバ大学留学から帰国したばかり、チャキチャキの土壌肥料研究室長だった。とうぜんの帰結として、私が日本国政府を代弁し、チンタさんがソ連の代理を務めて話が進んだ。

亡命機について、ソ連政府はただちに機体と操縦士ビクトル・イワノビッチ・ベレンコ中尉の送還を求めた。しかし、日本は機体を百里基地に運んで調査を強行し、ベレンコ中尉を米国に亡命させた。チンタさんは、日本の処置を大筋ではやむを得ないとしながらも、ソ連の最新鋭戦闘機の調査に米国の軍事専門家を参加させたことに憤慨するのであった。だが、ミグの機密を最も欲しがっていたのは米国であるし、ベレンコ中尉も、それを土産に米国亡命を望んでいた。あれやこれやの議論も次第に落ち着き、機体が約一〇日間の調査の後、ソ連側に引き渡されると、私たちの熱もすっかり冷めてしまった。

「日本のことだから、しっかりと図面に写しとったんでしょ。そのうちイミテーションを大量生産してスリランカに売り込みにくるんじゃないかしら」

とチンタさんはうがった言い方で皮肉り、

「そうかも知れないね。だけど、ジェット戦闘機のイミテーションをつくれる国は、そうざらにはないと思うよ」

と私も締めくくった。

とにかく、専門のまったく違うチンタさんと私であったが、この事件を契機として率直にものが言えるようになり、帰国後も文通が続くことになった。

五時過ぎ、ガンゴダウィーラ夫妻が、子供さんを連れてホテルにきた。彼らの自動車は十年以上も経つ中古の日本製である。街で買物があると言うのを引き留めてお茶にした。

「ココヤシの樹は丈が高くて、樹液のとり方がわからないと言うけれど、日本人はお金持ちなんだから、樹を伐らせれば簡単に観察できると思うけど」

「とんでもない、樹を伐ったら状態が変わって駄目だよ」

「じゃあ、梯子車を使えばいいでしょ」

奥さんの辛辣《しんらつ》な毒舌を、ご主人はニコニコと笑いながら聞いている。話が一段落したところで、持ってきた文献コピーを出してくれた。いずれもサマラジーワという人が書いたもので、合計すると一〇〇頁以上ある。口とは裏腹に、根は親切な人たちであった。キャンディ滞在中、なるべくたびたび会うことを約束して、彼らは帰っていった。彼らが帰るとすぐ迎えの自動車がきて、私たちも出かけた。


ホテルに戻ったのは、もうずいぶん遅い時刻であった。しかし、ガンゴダウィーラ博士が推奨した『スリランカにおけるアルコール醗酵工業』（一九八六年）と題する総説を急いで読んだ。一九四頁もある大論文であるが、スリラ

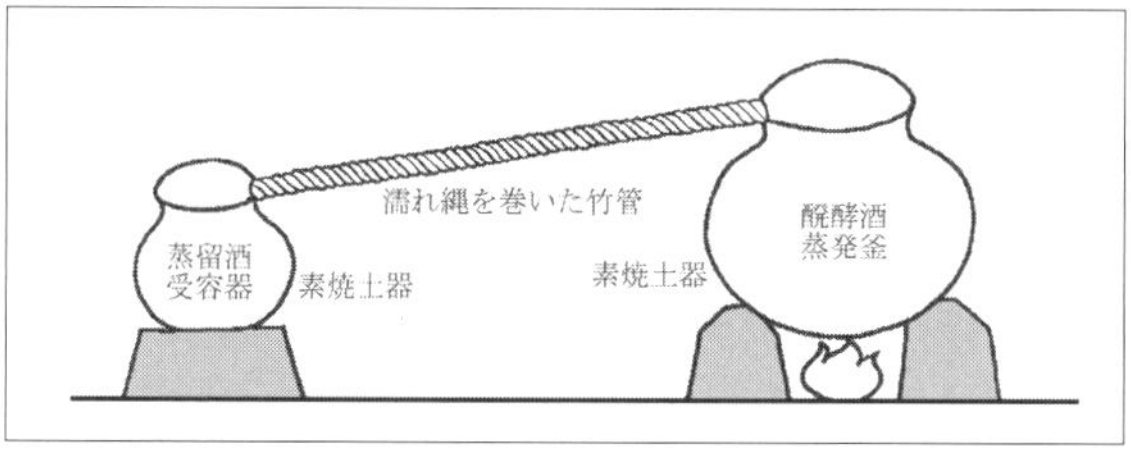

現在でも密造酒に用いられる蒸留機
ウパリ・サマラジーワ：『スリランカにおけるアルコール醗酵工業』(1986)

スリランカの古い空冷式蒸留機
ジョン・デイヴィ：『セイロン島の内陸部とその住民』(1821)

ンカの実状を反映して、大部分の頁をココヤシ酒に割き、実質的にはココヤシ酒に関する解説書ともいえる。ココヤシの樹液成分、樹液の醗酵、醗酵に伴う成分の変化、醗酵に関与する微生物、醗酵酒の蒸留、アルコール蒸留の原理などについては特に詳しい。アラック密造用の蒸留装置も載っていて、それがジョン・デイヴィの『セイロン島の内陸部とその住民』（一八二一年）にあるのとそっくりなので、内緒事には昔ながらの装置を使っていることがわかる。

また、『糖資源としてのココヤシ』（一九八三年）と題する論文は、サトウキビやサトウダイコンからの糖抽出が機械搾汁であるのに対し、ヤシの場合は滴下する樹液を熟練職人が集めなければならないとして、その生産性の限界を説いているのは説得力があった。

これらの論文を読んだことは非常に役に立った。初めてヤシ酒の全体像を自分の頭の中に組み立てることができるようになったのである。

植物遺伝資源センター

キャンディ近郊のガンノルーワには、農業関係の研究機関が集まっていて、その中心部にたっぷりとした敷地を占めた美しい建物の一群がある。有用植物の遺伝資源を収集保存するために、一九八八年、日本の援助によって設立された植物遺伝資源センターだ。種子の低温貯蔵庫や情報処理用コンピュータなど最新機器を備え、渡辺進二さんをリーダーとする日本国際協力事業団（ＪＩＣＡ）の専門家チーム四人が、スリランカ側の職員とともに働く。

キャンディ滞在の数日間、私はたびたび植物遺伝資源センターにゆき、ゆけば必ずダサナヤケ教授の部屋で小一時間を過ごした。教授は小柄な温厚そのものの紳士だが、スリランカ植物学界切っての泰斗《たいと》で、『セイロンの植物誌』（第九巻まで既刊、一九八〇～一九九五年）の編者でもある。ペフデニヤ大学を定年退職後、このセンターに顧問として迎えられ、広い立派な一部屋を構えている。

教授は、私のスリランカ訪問目的を聞いて興味を持ったらしく、愛想良く相手になってくれた。パルミラヤシ開発局で会ったテイウェンディララージャ教授と共著の論文を見たことがあるので、まず彼との関係を質問すると「テイウェンディララージャ君は私の学生ですよ」

ダサナヤケ教授

スリランカ植物遺伝資源センター

と涼しい顔の返事である。なるほど、この国の主立った植物学者はみんな教授のお弟子さんなんだ。ヤシ糖やヤシ酒についても造詣が深い。

「要するに、ヤシ体内の糖転流を人間が横取りしているのです」

ときわめて明快な結論である。

「つまり、それは篩管流だと思いますが、ヤシはまるで人間の血友病のようですね。そのメカニズムに関する研究はないのでしょうか」

と聞いてみた。

「まったく、おっしゃる通りです。しかし残念ながら、私もその方面の研究報告を見たことがありません」

と本当に残念そうな顔である。だが少々ホッとした。と言うのは、これで重要な論文を見落としている可能性がかなり薄らいだからである。教授はスリランカのヤシ酒に関する文献を集めていて、そのファイルから私に興味がありそうなものを選んでコピーしてくれた。

話題が文献のことになったので、日本でどうしても手に入らなかったE・J・H・コーナー著『ヤシ類の博物学』（一九六六年）のことを言ってみた。

「あれは良い本ですよ。日本にはヤシがほとんどありませんから、手に入り難いかもしれませんね。ペラデニヤ大学の図書館から借り出してあげましょうか」

厚かましいことではあったが、思い切ってお願いすることにした。

こうして、四〇〇頁近い大著を全頁複写するため、渡辺さんの秘書嬢にも大迷惑をかけることになった。それには、業務に差し支えない範囲で作業をするので私のキャンディ滞在中に終わらず、郵送という面倒なおまけまでついていた。

キャンディには本屋が三軒ある。滞在中にたびたびゆき、何冊かの本を買い込んだが、その中にロバート・ノックス著『セイロン島誌』（一六八一年）の復刻版があった。ノックスは一七世紀英国の船員で、一六六〇年から一六七九年までの一九年間、当時のキャンディ王国に捕虜として抑留され、脱出帰国後、その経験を書いて出版した。セイロン島（現在のスリランカ）の自然条件や産物・文化・社会構造・庶民の生活、あるいは著者自身の虜囚経験などが、いずれも実に生き生きとした筆致で描かれている。私は十数年前のスリランカ勤務のときにも復刻版を一冊買って読み、白人捕虜たちがヤシ酒を蒸留してアラックをつくったり、それに溺れたりする話に興味を持った。今回買った本には、一六八一年の出版以降に著者が書いた補遺が収録されていて、それに出てくるココヤシの採液法やココヤシ酒などの製法が現在とまったく変わらないのに、驚いたり感心したりした。

教授の話題は豊富であった。ある日の雑談でロバート・ノックスの名前を口に出すと、

「私もロバート・ノックスを読みました。たぶん、もう三〇年近く前のことですが、とても面白く感じた記憶があります」

ということで、一七世紀におけるセイロン島の酒事情

ロバート・ノックス（1641－1720）

が話題になった。セイロン島に古くからヤシ酒があったのは確かであるが、仏教など宗教上の制約もあって飲酒の習慣はそれほど一般的ではなかった。酒、それも特に蒸留酒のアラックが表立った存在になったのは、ヨーロッパ人の影響である。それが『セイロン島誌』から読みとれる、というのが教授の意見であった。そう言えば、島の西から南にかけての海岸地方でヤシ酒製造が盛んなのは、この地方が一六世紀の初頭以来ポルトガルやオランダの支配下にあったのと無関係ではあるまいと私も思い当たる。

とにかくダサナヤケ教授には教えられることが多く、植物遺伝資源センターにゆくたびに、大変な勉強をしたのであるが、対象はヤシばかりとは限らず、帰国してからも何かと教えを乞う関係が続いた。後日（一九九四年）一念発起して先述の『セイロン島誌』を和訳した際、わからない動植物や古いシンハラ語などについて、ずいぶんとお世話になった。

三〇〇年前のヤシ酒製法

先述したように、ロバート・ノックスが『セイロン島誌』の補遺として書いた覚書に、ココヤシの樹液に関する記述がある。ココヤシには、①食肉代用、②ソフト・ドリンク（果水と樹液）、③穀物代用、④酒、⑤油、⑥酢、⑦ミルク、⑧蜜または甘味料、⑨布、⑩敷物、⑪箒、⑫壺、⑬器または皿、⑭綱や火縄など、多くの用途があるとしたうえで、樹液について説明している。以下、その部分を訳出する。

「四番めにとても有用な四つの生産物を一括して述べよう。と言うのは、その全部が、ココヤシから豊富にとれる樹液に由来しているからだ。その樹液は、英語で一般にトディ、シンハラ語でラーと呼ばれ、酒、酢、蜜あるいは砂糖に加工される。

トディをとるには、そのままにすればココナッツをならせる蕾が、ちょうど人間の腕ぐらいの長さや太さになったとき、数日間、小さな棍棒で朝夕叩くとともに（こうしないと、果实がなってしまう）、先端から薄片を毎日一回切り取る。やがて蕾の断端から樹液が滴下を始めるので、それを受けるため、蕾の先端部に口の小さい土器の壺を装着する。

樹液は飲むと甘くて美味しく、健康にも良いと考えられるが、数時間も置いておくとビールやエールのように強くなり、人々はそれを飲んでしばしば酔っ払う。彼らは樹液を朝夕樹の上から降ろし、それを酒（インドではアラックと呼ばれる）にする場合は、四～五日間保存してビールの麦芽のように醗酵させる。泡立ちが減って、樹液が熟成したと判断すると、蒸留してスピリットあるいはアラックとする（これはポルトガル領のゴアにおいて大量に生産され、インドのほとんどの地域に売りさばかれている。私はあの土地の主要な産業だと思っている）。

ところで、酢の製法であるが、それはただ樹液を数日間日向に置いておくだけだ。そうすると良い酢になる。それでもって彼らはマンゴーやタケノコなどすべてのピクルスをつくっているが、ヨーロッパにおける私たちのワイン・ヴィネガーと較べてほとんど遜色がない。

これまでに、この樹からとれる三つの素晴らしい生産物、すなわちトディ、酒あるいはアラック、酢について述べたが、次は蜜あるいは甘味料についてである。それは要するに、ココヤシの樹液を溜める壺を洗うだけだ。壺を洗わなければ、本来甘い樹液がすぐに酸っぱくなってしまうのだが、そうなるのを防ぐことができる。そして、樹液をただちにシロップになるまで煮詰める。もしも、もっと長い時間煮詰めれば、固体の砂糖にもなる。その砂糖は甘くて美味しいし、健康にも良いと私は考えている。

セイロンでは、甘味料をつくるためにココヤシのトディを煮詰めることは、あまり頻繁に行わない。と言うのは、すでに述べたように、キトゥルヤシからの樹液が豊富にあるからだ。ただ、ときどき、病気の治療薬として煮詰めるだけで、それはたいそう良く効くそうである。それよりも、酒として飲んだり、アラックに蒸留したり、酢にして用いる方がずっと多い」

以上、ロバート・ノックスが記した三〇〇年以上前のヤシ酒などの製法を引用したが、現在の方法とまったく変わっていないのには驚く。ただ、ラーという言葉は、現在では醗酵したトディを指し、アラックは蒸留酒だけの意味なので注意する必要がある。

キャンディ地方のヤシ酒とり

キャンディ周辺の丘陵地では、キトゥルヤシからのジャグリ製造は盛んであるが、ココヤシの栽培は西南海岸に較べると格段に少なく、その樹液がトディなどの生産に用いられることはほとんどない。このあたりのココヤシ栽培は比較的小規模で、大部分が果実生産を目的としていることは確かである。しかし、トディ生産が皆無であるとも考えられなかった。キトゥルヤシにせよ、ココヤシにせよ、ヤシがあるのにヤシ酒がないはずはないからである。事実、先述のロバート・ノックスの記録（ノックスは、キャンディ周辺で捕虜生活を送った）にも、ココヤシのトディやアラックのことが出ている。その生産現場には、キャンディ王国以来の伝統もあり、西南海岸とはまた違った趣《おもむき》があると思われ、ぜひ一度見たかった。

だが、具体的な場所のことになると、渡辺さんはもちろんのこと、ダサナヤケ教授も、誰もが知らないと言う。最後の切り札がダルマラトナであった。ダルマラトナは、かつてのスリランカ勤務当時、私の運転手だった男である。彼は私の帰国後、出身地のキャンディに戻り、雑貨屋の経営に精だした結果、今では小さいながらもホテルの持主になっている。そのことを風の便りで聞いていた私は、今回の旅行に当たって、彼にも手紙を出しておいた。キャンディについてから二一・二三日後、私たちは淡い期待を持って彼のホテルに出かけていった。

ものの一〇分も走って、国道二六号がマハウェリ河を渡り、少し河に沿って下ると、クンダサーレという町の入口である。そこで国道に面して、「ガンイヴラ・ホテル」とあるのが、彼のホテルであった。我々の持つホテルのイメージとはまったく違うが、この国でよく見られる雑貨屋との兼業ホテルである。建物が真新しい。

道の反対側からホテルの写真を撮っていると、ダルマラトナがそれと気づいて駆け寄り

「今日あたり、おいでになるのではないかと思っていたところですよ」

元運転手ダルマラトナが経営するホテル

と相変わらずソツのないところを見せる。眼鏡をかけ、少し太目になっているが、意外と変っていない。間違いなく六〇歳は越えているはずだ。さっそく、家の中の広間に通され、栓を抜いたスプライトの瓶がストローを添え、私たちばかりではなく運転手にも振る舞われた。挨拶もそこそこに成功談になる。今の店は彼の七軒目の建物だそうで、最初の店は三五年前、小さな箱のようなものだったと写真を見せながら話す。

「貧しい貧しい人間が、少しずつ少しずつ築いてきたんです。あの頃は日給たった二ルピーですよ。いまじゃタバコ一本の値段です」

彼の話がひとしきり済んだところで、私はヤシ酒の件を持ち出した。するとたちどころに、

「すぐそばにありますよ」

と請け合ってくれた。国道二六号をキャンディの方に少し戻って橋を渡り、河の向側で国道二六号と平行する道を河に沿って下ると、クンダサーレとほぼ同位置にグルデニヤというところがあるから、そこで訊ねてみなさい、というわけである。彼はもともと物知りであったうえ、雑貨屋と兼業のホテルの主人ともなれば、一層雑学を仕込み、顔も広くなったのであろう。

すでに一一時に近かったが、さっそくいってみることにした。目指す採液職人の家は簡単に見つかった。その人は、自宅の屋敷内に約二〇本の樹を持ち、そのほかに近所の人からほぼ同数の樹を一本八カ月一五〇ルピー（約三〇〇円）で借りて、合計約四〇本の樹から採液をしている。一日の収量は約一五ガロン（英国ガロンなので約六八リットル）、屋敷の裏にある集荷小屋に入れておくと、プッセラワの契約した居酒屋が運んでゆくそうである。プッセラワは、キャンディから国道五号をヌワラエリヤの方へ約四〇キロいった小さな町で、高度が千メートル以上になるから、付近にココヤシは育たない。

訪ねた時は、ちょうど、屋敷内の樹で採液作業が始まったところであった。作業の基本内容は南西海岸と変わらないが、道具類に若干の差異が見られる。

綱の渡り方は海岸地方の職人と同じ

キャンディのココヤシ酒とり職人
（ナイフの形が海岸地方と違う）

ココヤシの樹冠部で作業する酒採り職人

タッピング・ナイフは矩形で、柄が日本の菜切包丁と同じ向きについている。西南海岸では、半円形の刃に、柄が鎌のような向きについていた。クリーニング・ナイフは海岸地方と同形であるが小さい。槌は非常に特徴的で、海岸地方では卵形の木槌であったのが、こちらでは鉄棒を仕込んだシカの大腿骨である。シカの骨には、樹液をたくさん出させる魔力があるそうである。

シカの大腿骨製の槌

また、花序の切り口や苞の表面に練薬を塗る。野生シナモンの乾燥葉粉末を水で練ってあり、かなり粘凋な物質だ。これも、キトゥルヤシの花序の基部に穴を穿って詰める刺激性物質と同じように、樹液の流出を増やし、継続性を保つのに効果があると信じられている。

採液作業を見上げると、各ココヤシ樹には二~三本の採液中の花序があり、さらに一本の花序が準備段階にある。海岸地方では花序の角度を縄で下向きに調節していたが、ここでは特に手を加えず、そのためか集液壺の首に落下防止用の縄もついていない。

ポンポコ・ポンポコ・ポコ・ポコ、独特のリズムで採液準備中の花序を叩く音ははなはだ印象的である。叩き終わると苞の表面に練薬を擦り込む。採液中の花序は、被せてある壺を外して、中のトディを腰の瓢箪に移し、花序の先端を切り戻す。その際、花序を縛りなおすが、用いる紐の材料は手近にあるヤシの葉だ。切り口に練薬を塗り、壺を再び被せる。花序の切口から流出する樹液が、縛ってある紐の端を伝わって壺に溜まるようにしてある。瓢箪が一杯になると、予備の壺に中味を移し、その壺を綱で地面に降ろす。職人は、一本の樹の処理を終わると、樹から樹に張ったロープで移動する。

花序に葉を巻いて、壺開口部の隙間をなくす

降ろされたトディを覗いてみると、例によってゴミの混じった白い泡が盛り上がっているが、ショウジョウバエの死骸はほとんどない。これは意外なことであった。海岸地方で見たトディには、いつも黒ゴマを撒いたようにショウジョウバエが浮いていた。私は改めて樹上の集液壺を観察した。花序にヤシの葉を巻いて太くし、壺の口には隙間がまったくない。それが虫の飛び込みをかなり抑えているのであろう。海岸地方では難しかったことが、ここでは実行されているようであ

る。それと、キャンディが海岸地方に較べると涼しいことも、虫の発生を少なくしていると考えられる。

やがて屋敷内の樹の処理が終わり、職人が降りてきて、とれたばかりのトディをご馳走してくれた。

「これは美味しい！」

本当に美味しかった。頼まないのにご馳走してくれたからというわけでは決してない。その証拠に、運転手が自分の大切な飲料水用の瓶を空けて、トディを詰めてもらっていた。運転手にとって飲料水は命の綱の必携品である。

それは、私が今までに飲んだココヤシのトディの中では最も美味しいものであった。もちろん、かつてジャフナで飲んだパルミラヤシのトディには及ばないが、嫌な味とか匂いがなく、ごく純粋な味なのである。それが何故なのかはわからない。気象条件によることも考えられる。キャンディと海岸地方とは高度にして五〇〇メートル以上は違うから、その分気温が低く、不必要な醱酵の進行を抑えている可能性がある。同じことは、先述したようにショウジョウバエについても言えた。そのほか、ここのトディが最初から直接の飲用を目的に生産されているからか、全般的に職人の細かい配慮があるようで、それが微妙に影響しているようにも感じられた。

再会

今回のスリランカ旅行はちょうど二週間である。その間、第一週は連日めまぐるしく移動したが、第二週はキャンディを中心に比較的落ち着いて過ごした。そのキャンディ滞在もあと一日になったとき、思いもかけない電話連絡がコロンボから入った。

　オーストラリアにいるはずのチェルワットトレイさんである。ご主人の代理で急にカナダへゆき、スリランカ経由で帰ることにしたところ、飛行機が成田に寄ったので、留守宅に電話をして私たちの宿泊先を聞いたのだそうである。コロンボの妹さんの家に泊まっているから、ぜひ会いたいと言う。私たちが帰国する明後日、その家を訪ねることで話が決まった。

　帰国の飛行機は深夜の出発であるが、私たちは少し早めにキャンディを出てコロンボに向かった。電話で教えられた家は、コロンボの中心から国道二号を少し南に下ったムーア通りというところにある。約束の一時より前なのに、もう彼女は家の前で待っていた。駆け寄って固い握手、本当に久しぶりである。彼女は、私のスリランカ勤務が終わると間もなく、ジャガイモの細菌病を研究するため約三年間ペルーとアメリカに留学し、その帰途一九八〇年の六月、日本に寄り、わが家にも数日間泊まった。それ以来だから十年以上会っていない。

　煉瓦づくりの建物の一角が妹さん夫婦の家であった。建物の周囲には樹が茂っていて涼しく、居間もけっこう広い。妹さんとはジャフナでたびたび会っているから気兼ねなしに話せる。日本とオーストラリア、そして動乱の最中にあるジャフナ、私たちは改めて再会を祝し合った。堰《せき》を切ったように始まったそれぞれの近況報告が一通り済むと、チェルワットトレイさんが待ちかねたように
「ヤシ酒の調査はどうだった」

と聞いてくれた。

「アッカにはまったくお世話になって感謝しているよ。パルミラヤシ開発局ではパルミラヤシばかりではなく、キトゥルヤシの資料まで手に入って最高さ」

と私も収穫が期待以上だったことを説明して、礼を言った。「アッカ」とはタミル語で「姉」を意味し、ジャフナを訪ねた時に妹さんが呼びかけに使っていたので憶えた言葉である。語感が姉御肌のチェルワットレイさんにぴったりだったので、私もいつしか彼女の呼名にするようになり、それが本人にもまんざらではなかったらしく、手紙などに自分の名前をマラー・アッカと書くようになっていた。ちなみに、シンハラ語でも「姉」はアッカである。

「採液の現場はジャフナでなければ見られないけれど、文献などの情報だったら開発局の方がむしろ有利かもしれないわね」

とアッカは自分のことのように喜んでくれた。

「それにしても、あなたは飲兵衛でもないのに、なんでヤシ酒なんかに夢中になるのかしら」

と盛んに不思議がる。

「自分でもよくわからないけど、ヤシ酒ほど自然に近い酒はないよね。それがどんどんローカルな存在になってゆくところがたまらない魅力さ。それに、ヤシ樹液のミステリアスなところかな」

　それ以上は、私自身にもよくわからない問題であった。そしてまた、判官びいきの心境を英語で説明するのも少々荷が重かった。

　昼食中の話題はもっぱらココヤシとパルミラヤシの比較であった。客観的に見て、ココヤシの方が普遍性があり、経済的な価値も高いと思われるが、ジャフナ出身の姉妹にとって、パルミラヤシは特別な意味があるのであろう。ココヤシ擁護の立場をとった私は、二人の集中攻撃を受けた。彼らがココヤシの方が上と認めたのは果実の脂肪層だけで、それ以外は果実全体の価値にしても、あるいは葉や幹の有用性においても、パルミラヤシの優位は揺るぎないと言う。

「トディだってパルミラヤシが一番だと、あなたも言っていたじゃないの」

と最後にアッカが断を下し、私は降参した。パルミラヤシがいかにジャフナ・タミルの生活と密接に結びついているか、認識を新たにする楽しくて、しかも有意義な会話であった。

食事が終わっても話は尽きず、いつのまにか四時近くになっていた。私たちはネゴンボでスリランカ最後の夕日を眺める予定であった。もうそろそろ出かけないと間に合わない。

左：パルミラヤシのヤシ糖（ジャグリ）
右：キトゥルヤシのヤシ糖（ジャグリ）

「私もゆくわ」

とアッカが身支度をしている間に、妹さんがたまたまあったと言って、直径三センチほどの半球形に固めたパルミラヤシのジャグリ数個をくれた。私にとって何よりの土産である。

運転手が、空港に近い静かなホテルに案内してくれた。食堂は美しい海岸に面していて、直接波打ち際まで出られるようになっている。冷えたキング・ココナッツを注文した。シンハラ語でタンビリと呼ばれるこの品種は、果実の肌が橙色で、スリランカの代表的な飲用種である。海に沈む夕日を眺めながら飲むその味は格別であった。

「タンビリが懐かしくてね、ときどきオーストラリアでも飲むのよ。オーストラリアには何でもあるわ」

彼女のオーストラリアでの住所はニュー・サウス・ウェイルズだから、ココヤシの生育地ではない。そこでキング・ココナッツが飲めるということは、オーストラリアでの豊かさを示す証拠のように思えた。スリランカでは必ずしも幸せとは言い難かった彼女が、やっと手に入れた生活である。それがいつまでも続くことを心から願った。


夕食を一緒にするように勧めたが、どうしても帰るという彼女を、私たちはネゴンボのバス・ターミナルまで送ることにした。

夕暮れ時のバス・ターミナルはけっこう混んでいた。

「もう少しいてくれたら、ムーア通りまで送らせるのに」

「大丈夫よ、馴れているから。それに、これ以上いたらあなたたちに迷惑だわ」

チェルワットレイさんに続いて私たちも車を降りた。家内とは頬を合わせ、私とは握手。さすがの彼女も目が潤んでいる。私たちがオーストラリアにでもゆかない限り、もう二度と会うことはあるまい。私も一瞬声をつまらせた。彼女に促されて乗り込んだ車はすぐに走り出す。雑踏の中に長く車を停めておくことはできない。うしろを振り返ると、彼女の姿が夕闇の人混みに溶け込むところであった。

さっきのホテルに戻って、私たちは軽い夕食をとった。それは今回の旅行で最初で最後の静かでくつろいだ食事であった。

「今度の旅行は驚くほど濃密な二週間だったわね、ご苦労様でした」

「あんただって大変だったね、面白くもないことに二週間もつき合わされて」

だが、互いにしみじみとした満足感があった。この二週間、絶えず人々の好意に接して過ごせたからである。目的の調査で期待以上の成果が得られたのも、その人たちに支えられたればこそだ。そして今日、スリランカを離れる日になって、チェルワットレイさんとの劇的とも言える邂逅《かいこう》があった。なにかしら因縁のようなものさえ感ずる。

お茶を飲み終わると、私は立ち上がった。

「キャンディからきている運転手が可哀そうだから、早めに空港にいってやろう。どこで待つのも同じだから」

第4章

不思議な樹液の謎に迫る

ヤシ酒に残った最後の謎

ヤシ酒の存在を初めて知ったとき、私は二つの大きな疑問を持った。第一は、なぜ自然醗酵でいつも間違いなく酒ができるのかという謎であり、第二は、なぜ原料となる樹液がヤシから流れ出てくるのかという謎であった。

第一の謎は、比較的簡単に解けた（第1章六〇頁参照）。もしかしたら、謎に思ったことそれ自体が、私の無知に原因があったのかもしれない。ブドウの果汁からブドウ酒ができるのと同じことだったのだ。ブドウの果汁には糖がたっぷりと含まれていて、しかも酸性であるため、その中で酵母が特異的に繁殖し、糖をエタノールに変える。新鮮なヤシの樹液は酸性ではないが、糖が高濃度で含まれているため、まず乳酸菌が繁殖して樹液を酸性にする。あとは、ブドウの果汁と同じである。ブドウ果汁の場合もそうであるが、ヤシ樹液の場合も、人間がちょっと手伝ってやれば、ほぼ間違いなく酒になる。自然の摂理としか言いようがない。

第二の謎は、そうはゆかなかった。いろいろと文献を探しても、「ヤシの花序とか幹の頂部に傷をつければ、甘い樹液がとれる」としか記述がない。それならというわけで、樹液の流出を自分で観察しようとしたが、ココヤシとかパルミラヤシの花序は、二〇とか三〇メートルの高さの樹冠部にある。キトゥルヤシやサトウヤシの花序は、比較的低い位置に生ずるが、それでも一〇メートルはある。とても私には登れない。結局のところ、わかったのは、その甘い樹液が篩管液であることぐらいで、それ以上には進めなかった。

だが、一〇年経ち、二〇年経つうちに、植物生理学の研究報告には、いろいろと参考になるものが見られるようになっていた。それらの中でも、光合成や糖の転流についての新しい理論や篩管液の成分分析のために考案された各種の篩管液採取方法などは、特に私の関心事であった。ヤシの樹液流出と無関係ではないと考えられたからだ。

そのような植物生理学の新しい知見とヤシの樹液流出現象との接点を見出すためには、ヤシの樹液採取の手順や経過を再検討する必要があった。そこで、第三章で述べたように、スリランカを再び訪れ、ココヤシ、パルミラヤシ、キトゥルヤシの三種について、採液に関する詳細な資料を入手するとともに、スリランカの研究者たちの考え方の一端を知ることができた。本章では、それらを総合し、最後の謎解きを進めたい。

ここでちょっとお断りしておきたいことがある。これまで私は、ヤシの樹液について、篩管液が漏出、汁液が滲出、樹液が流出などと、場合によって表現を変えて説明した。要するに、篩管から篩管液が漏れ出ていることに違いはなく、同じ現象を指しているのである。樹液の量が決して多くはないことを強調する場合には、滲出という言葉を用い、量が比較的多いことを言いたければ、流出という表現になった。また、樹液が滴《しずく》になって落ちることを特に言いたければ、滴下という表現になったこともある。いずれにしても、厳密に区別して表現しているわけではないので、今後ともあまり気にしないで頂きたい。

植物の光合成

ヤシ酒の原料となるヤシの樹液は、高濃度の蔗糖を含む篩管液である。その謎を解くためには、植物体内における糖の生成や転流に関する基本的な知識を整理しておく必要がある。

植物は太陽光のエネルギーを利用して水と二酸化炭素（炭酸ガス）から有機物（主として糖）を合成し、酸素を放出する。これがいわゆる光合成であって、炭酸同化作用とも呼ばれる。一般に、植物の光合成は緑葉の細胞内光合成器官である葉緑体で進行する。葉緑体は、多くの植物で直径五ミクロン前後、厚さ二〜三ミクロンの凸レンズ形をしていて、内外二枚の包膜の内部にはストロマやチラコイドなどの構造を持つ。チラコイドには、クロロフィル（葉緑素）や光合成の初期反応をつかさどる電子伝達系が存在する。

クロロフィルに吸収された光エネルギーは、チラコイド膜上にある光化学系などの電子伝達系で化学エネルギーに変換され、二種類の物質（ＡＴＰとＮＡＤＰＨ）が生成する。葉の気孔から入った二酸化炭素は、ストロマ中の光合成炭素還元サイクルで、前記の二種類の物質を使って固定・還元され、三炭糖燐酸（ＴＰ）を生ずる。その反応系は、発見者の名前にちなんでカルビン—ベンソン回路（あるいはカルビン回路）と呼ばれ、一一の酵素が関与する一三のステップで構成され、その最初のステップで二酸化炭素を固定するのがルビスコ RuBisCO という酵素だ。ＴＰは葉緑体内で澱粉になったり、細胞質に放出されて蔗糖合成に使われる。

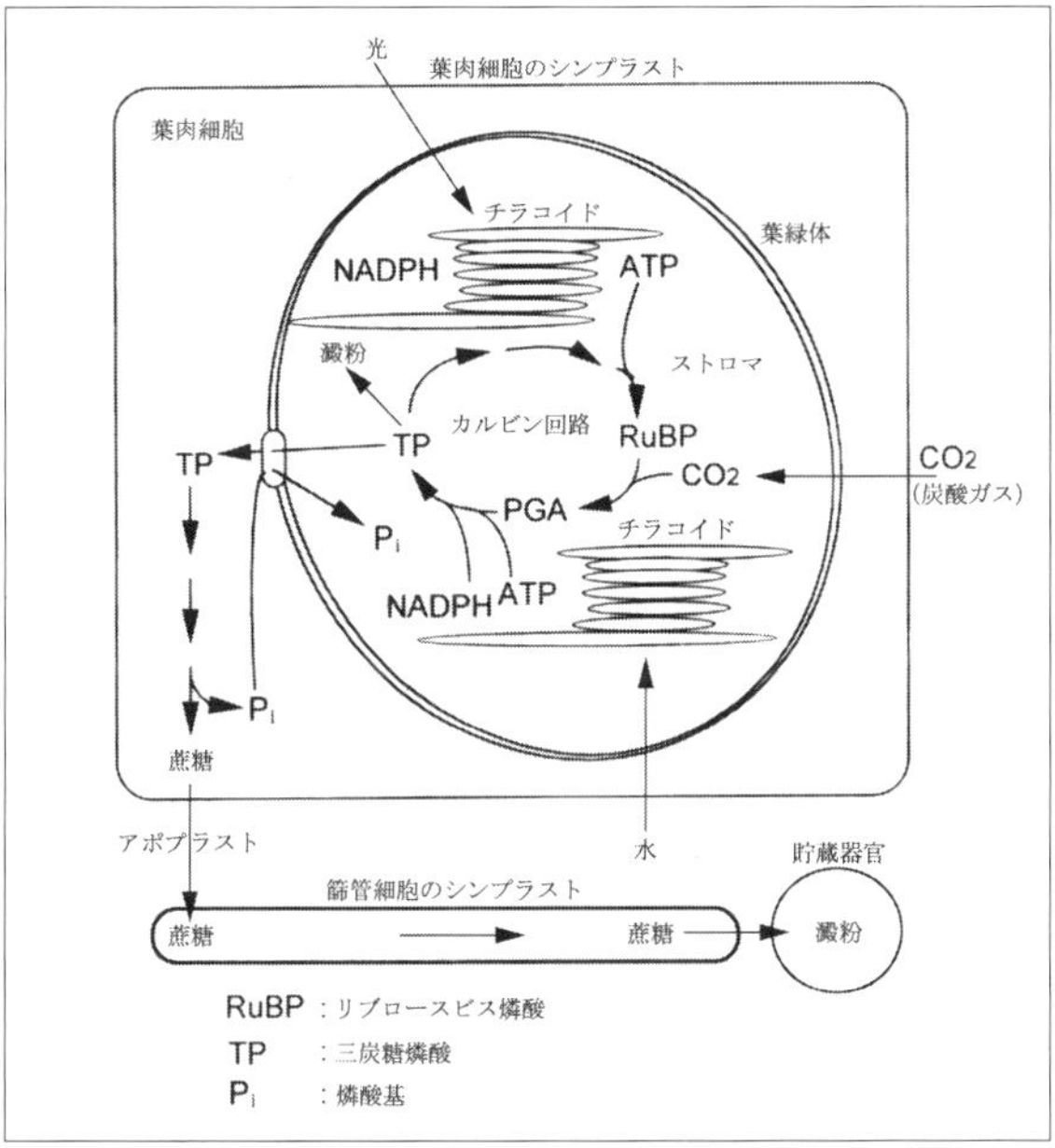

植物の光合成と蔗糖の流れ
横田明穂編：『植物分子生理学入門』（1999）より改変

多くの植物では、二酸化炭素がルビスコによって最初に固定され、生ずるのが三つの炭素から構成されるホスホグリセリン酸（PGA）なので、これらはC_3植物と呼ばれる。しかし、高温や乾燥条件下に適応した植物には、トウモロコシやサトウキビなどのC_4植物とか、サボテンやパイナップルなどのカム《CAM》植物のように、カルビン回路の前に特殊な二酸化炭素の固定反応を持つものもある。C_4植物は一般にC_3植物より高い光合成活性や効率的な糖の篩管への運搬能を持つ。ただし、ヤシはC_3植物だ。

光合成で固定・還元（同化）された二酸化炭素は、葉緑体内に澱粉として蓄積されるとともに、蔗糖となって貯蔵組織や成長組織に運搬される。葉緑体に貯蔵された澱粉も夜間に分解され、細胞質に出て蔗糖となり、一部は液胞に蓄えられるが、大半は発達中の器官や組織、あるいは貯蔵組織に運ばれる。

自然界には多くの糖類が存在するが、最も普遍的な単糖類はブドウ糖と果糖で、双方とも炭素六個で構成される六炭糖である。蔗糖は、ブドウ糖一分子と果糖一分子が結合した二糖類だ。澱粉は、多数のブドウ糖が結合した多糖類である。これらの糖類は、植物体内の酵素によって相互に変化するが、そのときに燐酸基が重要な働きをする。また、糖類は、炭素と水が結合したような元素構成比なので、炭水化物と呼ばれることもある。

光合成産物の供給器官と受容器官

植物体を光合成産物の転流という観点で見ると、光合成を行う器官と光合成産物を利用あるいは貯蔵する組織や器官に大別される。光合成を行う器官は、一般には完全展開した成葉である。光合成産物を供給する器官は供給器官（ソース器官）と呼ばれる。いっぽう、光合成産物を利用するのは、生長中の組織や器官である。貯蔵器官とは、果実、種子、塊茎、塊根、茎の中心柱（髄）などが、これに当たる。これら光合成産物を利用したり、貯蔵する器官は、総称して受容器官（シンク器官）と呼ばれる（第1章五三頁参照）。

供給器官の葉で合成された蔗糖が、篩管に取り込まれるまでの経路は、二段階に分けられる。葉緑体が存在する葉肉細胞は、原形質連絡を介して近隣の葉肉細胞と一体に機能していて、このような機能単位をシンプラストと呼ぶ。シンプラスト内では、細胞質内代謝物質の往来が比較的自由だ。葉肉細胞に集積した蔗糖は、篩管近くで、シンプラストから細胞外に出る。細胞外の空間をアポブラストと呼ぶ。これまでが第一段階だ。

アポプラストに出た蔗糖は、篩管のまわりに存在する伴細胞に能動的に取り込まれた後、篩管内に送り込まれる。これが第二段階である。この能動的に取り込む作用を〝積み込み〟と表現することが多い。濃度勾配に逆らって蔗糖を取り込むには、ＡＴＰ（アデノシン三燐酸）が分解されるときに放出されるエネルギーが必要で、伴細胞にはＡＴＰを合成するミトコンドリアが非常に多い。この積み込みによって、篩管液の蔗糖濃度は二〇％近くにも達する（第1章五五頁の図を参照）。

高い蔗糖濃度の篩管液は、外部から盛んに水を篩管内に呼び込むため、その部分の膨圧が高まり、末端に向かって流れる。結果として、蔗糖も篩管液に乗って末端に運ばれることになる。篩管の末端部分には、受容器官が位置する。

受容器官における蔗糖

生長点や種子、塊茎などの受容器官で、蔗糖がどのように篩管から積み降ろされるのかは、供給器官における篩管の積み込み過程に比較して研究が進んでいない。多くの場合、アポプラスト経路だと考えられているが、シンプラスト経路の場合もあるらしい。植物種あるいは受容器官の種類によって異なるようである。アポプラスト経路の場合、転流してきた蔗糖は、いったん篩管の細胞膜よりアポプラストへ放出され、細胞壁にある酵素で単糖に加水分解され、あるいは蔗糖のまま、能動的に受容器官の細胞に取り込まれる。

植物は生長の過程で、各種の物質を一時的に蓄えるため、特定部位が貯蔵器官として分化を始める。これが先述の種子や塊茎、その他であり、貯蔵物質には、澱粉、蛋白質、脂質などいろいろとあるが、いずれにしても、その合成に大量の蔗糖を必要とするため、これらの貯蔵器官は強力な蔗糖吸収能力がある。貯蔵器官に取り込まれた蔗糖は蔗糖分解酵素の働きでブドウ糖と果糖に分解され、ただちに澱粉の合成に使われる。また一部は、貯蔵蛋白質や脂質へと変換される。

澱粉は、貯蔵器官の細胞内にあるアミロプラストと呼ばれる顆粒に集積する。この顆粒は葉緑体と同じプラスチド（色素体）の一種で、澱粉を集積するように、前駆体のプロプラスチドから特異的に分化したものである。蔗糖が澱粉になってしまうと、澱粉は水にほとんど溶けないので、蔗糖とは違って浸透圧とは関係がなくなる。

貯蔵器官での澱粉合成の原料は転流で運ばれてきた蔗糖であるが、蔗糖は澱粉合成の直接の材料とならない。かつては、ブドウ糖と果糖に分解され、ブドウ糖と燐酸基が結合した物質が、アミロプラストに入り、澱粉になるとされていた。しかし、アミロプラストが効率よく取りこみ、澱粉に変換するのは、三炭糖燐酸なので、主要な代謝経路として、蔗糖は貯蔵組織の細胞質で三炭糖燐酸にまで分解されると考えられるようになった。

受容器官に取り込まれた蔗糖は、それが成長中の器官であれば、生長に要する物質の材料として消費され、種子や塊茎であれば、水に溶け難い澱粉などの貯蔵物質になるため、受容器官の細胞内蔗糖濃度は常に低く保たれる。だが、甘い果実のように、果肉に二〇％近くにもなる蔗糖、果糖、ブドウ糖などを、そのままの形で蓄えているものがある。それも、供給器官での篩管への積み込みと同様、果肉細胞が蔗糖をアポプラストから能動的に取り込むと考えれば、納得がゆく。
また、子実形成では大量の炭水化物が集積されるが、この際に呼吸で失われる炭水化物もかなりの量にのぼり、イネでは子実炭水化物の二四～二七％、コムギでは五～一〇％、オオムギでは一二～二七％にもなるという。

供給器官と受容器官の相互関係

供給器官と受容器官の関係には、供給器官の光合成能によって、受容器官の活動が左右される場合と、受容器官の活動状態によって、供給器官の光合成能が支配される場合の二つが考えられる。しかし実際には、受容器官の能力が光合成活動に対して主働的な役割を演ずる場合の方が多いようである。その仕組みを簡単に説明しよう。

受容器官で蔗糖の消費が活発だと、そこのアポプラストの蔗糖濃度が低下する。篩管からの蔗糖の積み降ろしが増え、受容器官側と供給器官側の蔗糖濃度勾配が大きくなって、転流が促進される。その結果、供給器官（具体的には葉肉細胞）での蔗糖合成が盛んとなり、遊離燐酸が増え、燐酸の葉緑体への供給が多くなって、光合成能が高まる。葉肉細胞内の蔗糖は、葉緑体を出た糖燐酸から合成され、その際遊離した燐酸基は再び葉緑体に戻る（二二一頁の図を参照）。燐酸基はルビスコの活性維持にとって必須物質である。

反対に、受容器官による蔗糖の取り込みが減少、あるいは停止すると、供給器官の葉肉細胞内の蔗糖濃度が上昇する。高濃度の蔗糖は糖燐酸からの新たな蔗糖合成を抑制するので、燐酸基は葉緑体へ戻れず、葉緑体ストロマ内の燐酸濃度が低下する。つまり、受容器官の蔗糖吸収能力低下は、供給器官においてルビスコの活性化率を落とし、ひいては光合成を大きく減速させる。受容器官の蔗糖取り込みが回復するとか、他の受容器官との篩管連絡が成立すれば、供給器官の光合成能も回復する。

種子、塊茎、塊根が発芽するとき、ハパクサンシックのヤシで花序が形成されるときなどには、種子の子葉や胚乳、塊茎、塊根、幹などの貯蔵組織が供給器官となり、胚、幼植物の各器官、花序などが受容器官となる。この供給器官と受容器官の関係は、光合成の場合ほど詳しく研究されていないが、ほぼ同様な相互関係が確実に存在する。つまり、この場合も、供給器官に貯蔵物質の澱粉などがある間、転流物質である蔗糖の合成に主働的な影響力を持つのは、受容器官の受容能である。言い換えると、種子、塊茎、塊根などで芽が動いたり、ハパクサンシックのヤシが生殖生長に入ったりすると、貯蔵物質から蔗糖の合成が始まり、その合成能は、貯蔵物質が残っている限り、胚、幼植物、花序などの活動状態、すなわち受容能に支配される。

なお、供給器官と受容器官の相互関係を解析する研究には、一般に、トウモロコシ、ダイズ、ジャガイモなど大量の貯蔵物質を蓄える植物が多く用いられる。その場合、これら植物の雌穂、莢、塊茎などを切除することが、すなわち供給器官に対する受容器官の影響を除く手段であって、切断部からの篩管液漏出が指摘された例はない。このことは、ヤシの樹液（篩管液）が花序の切断部から大量に流出することと比較して重要である。

研究用篩管液の微量採取方法

篩管は、傷を受けるとただちに篩管流を止める。そのため、成分分析などを目的として、ごく微量の篩管液を採取することでさえ非常に難しい。篩管細胞が篩管の傷にきわめて鋭敏に反応することは、正常な状態の篩管細胞の観察をほとんど不可能にしていて、いまなお篩管細胞の微細構造解明を阻む大きな障壁になっているほどだ。

それはとにかくとして、純粋な篩管液を微量採取するのに、アブラムシやウンカなど昆虫の口針を使う巧妙な方法（昆虫口針法）があることを第1章で述べた（五六頁参照）。この場合、篩管液の流出速度は一時間当たり〇・一～一〇マイクロリットルであるが、成分分析などには十分な量である。

この他にも、近年、研究を目的とする微量の篩管液採取については、切り込み法、ＥＤＴＡ（エチレンジアミン四酢酸）法、内容除去種皮法などが考案され、実際に応用されている。

切り込み法とは、カミソリのような鋭い刃物で、茎、葉柄、莢などに小さな切り込みを入れて篩管を切断し、その切り口から出てくる液を集める方法である。マメ類の莢で実験された例が多く、適用できる植物の種類や部位には限りがあり、イネ、ムギ、トウモロコシなど主要穀物には応用できない。篩管液の流出速度は一分間当たり一～五マイクロリットルであるが、数分から長くても三〇分で流出が止まってしまう。

ＥＤＴＡ法とは、キングとツェーファールトが一九七四年に報告した方法で、葉を葉柄ごと切断し、切断面を二〇ミリモルのＥＤＴＡ溶液に浸すことで、篩管液を溶液中に効率よく長時間流出させることができる。ＥＤＴＡ溶液にカルシュウム・イオンを共存させると、転流物質の流出が完全に阻止されることから、ＥＤＴＡの効果は、植物組織中のカルシュウム・イオンと結合することで、カロース形成を阻害するためとされる。また、最初の一～二時間ＥＤＴＡ溶液に浸しておけば、以後純水に移しても、継続して転流物質が流れ出てくる。

これまでに述べた昆虫口針法、切り込み法、ＥＤＴＡ溶液法は、どれもなんらかの方法で篩管に傷をつけるが、内容除去種皮法は、篩管に人為的な傷をつけない。ソーンとラインバードによって、一九八三年に開発された方法である。彼らは、マメ科植物の生長中の種子が、莢から種皮を通って放出される転流物質を取り込んで生育することに着目し、ダイズの莢に小さな窓を開け、種皮の内側の生長中の種子を取り出し、代わりに寒天やＥＤＴＡ溶液を入れ、それに転流物質をトラップすることに成功した。

次頁の一覧表に示したように、これらの方法で篩管液が得られている植物はかなりの数にのぼっている。しかし、植物全体から見れば少ないと見るべきであり、特に切り込み法によって篩管液が得られた植物の種類は限られていることがわかる。しかも、これらの面倒な方法を使ってさえ、得られる液量は、マイクロリットル単位で計るほど微々たるものである。

篩管液が大量にとれる植物は希有《けう》

現実にはあり得ないことであるが、仮定の話を進めてみよう。ブドウの木に花が咲き（まったく

篩管液が採取されている植物

植物名（和名）	篩管液の採取法
Acer saccarium（サトウカエデ）	昆虫口針法
Allium cepa（タマネギ）	昆虫口針法
Anthurium sp.（ベニウチワ）	昆虫口針法
Antirrhium majus（キンギョソウ）	昆虫口針法
Aster tripolium（ウラギク）	昆虫口針法
Betula pendula（シラカンバ）	昆虫口針法
Capsella bursapastories（ナズナ）	昆虫口針法
Chenopodium rubrum（アカザ）	EDTA溶液法
Coleus blumei（ニシキジソ）	昆虫口針法
Cucurbita pepo（セイヨウカボチャ）	切り込み法
Cucurbita maxima（クリカボチャ）	切り込み法
Euphorbia pulcherima（ポインセチア）	昆虫口針法
Fraxinus ahdei（トネリコ）	EDTA溶液法
Glycine max（ダイズ）	EDTA、昆虫、種皮
Hordeum vulgare（オオムギ）	EDTA、昆虫
Ilex aquifolium（セイヨウヒイラギ）	昆虫口針法
Lupings albus（ハウチワマメ）	切り込み法
Morus alba（クワ）	昆虫口針法
Nictiana glauca（タバコ）	切り込み法
Oryza sativa（イネ）	昆虫口針法
Panicum miliaceum（キビ）	昆虫口針法
Perilla crispa（アオジソ）	EDTA溶液法
Phaseolus vulgaris（インゲン）	昆虫口針法
Pisum sativus（エンドウ）	EDTA、昆虫、種皮
Pharbitis nil（アサガオ）	EDTA溶液法
Raphanus sativus（ダイコン）	昆虫口針法
Ricinus communis（トウゴマ）	切り込み、昆虫
Salix viminalis（ヤナギ）	昆虫口針法
Triticum aestivum（コムギ）	EDTA、昆虫
Vigna unguiculata（ササゲ）	切り込み法
Yucca flaccida（イトラン）	切り込み法
Zea mays（トウモロコシ）	昆虫口針法

茅野充男編：『物質の輸送と貯蔵』（1991）より

地味な目立たない花であるが）、これから実が大きくなろうとしているときに、ブドウの花序を切って、切り口を瓶で受け、滴下する汁液を集めようとする人がいるであろうか。甘いブドウの材料となる糖液が、木の母体から盛んに送り込まれてきているはずである。その汁液を横取りしてしまえば、なった果実を収穫して搾る手数もなしに、ブドウ酒をつくることだって可能ではないか。しかし、ブドウの花序を切っても水一滴とて出ないであろう。

イネのような穀物の場合でも同じである。あれほど大量の澱粉が米や麦として蓄えられるのであるから、その過程で穂に流れ込む糖の量もそれ相応に大きい。しかし、穀物をとらずに、その糖液をとろうとする人はいない。試してみるまでもなく、そのようなことが不可能であるのを誰もが知っている。

ところがヤシの場合には、花序や幹頂部の傷口から、甘い樹液が、それこそ無限とも言えるほど流れ出て、人々はそれを利用してヤシ糖やヤシ酒にする。これが不思議でなくて何であろうか。この樹液は何度も述べたように篩管液であって、篩管液には一般に高濃度の蔗糖を含む。

この「傷口から蔗糖を含む汁液の流出が続く」ということは、植物にとって大変なことなのだ。それは動物の場合で言えば、「出血が止まらない」ことを意味している。もしもそうなれば、糖をはじめとする重要な栄養分を含む体液がどんどん失われてゆく。植物は衰弱し、場合によっては死ぬ。しかし、現実には植物にも自衛機構があって、普通は瞬時にそれが作動して汁液の流出を止める。木の枝を切ったり、草の葉をちぎっても、「その切り口から汁液の流出が止まらない」というようなことは一般には起こらない。このことは誰しもが経験的に知っている。

私の知る限り、植物の傷口から滲出する汁液の糖分を人間が実用的に利用しているのは、ヤシを除くとサトウカエデ *Acer saccharum* とリュウゼツラン *Agave americana* ぐらいのものである。サトウカエデは、カナダなどで、春先、幹に直径約一センチ、深さ約四センチの穴を開けて汁液を採取し、シロップなどの原料とする。リュウゼツランは、メキシコで、若い花序を切り、滲出してくる汁液を集めて、酒の原料にしている。ともに、これらの汁液には十数％の蔗糖を含み、ヤシの場合とよく似ている。話の本筋から少々離れるが、カブトムシやクワガタの成虫がクヌギ *Quercus acutissima* やナラ *Quercus* **spp.** などの幹で舐めているのも、傷口から滲み出る甘い樹液だ。と言っても、人間が利用するほどの量は決して出てこない。

現在のところ、傷口から甘い汁液が人間の実用になるほど流れ出る植物は、ヤシ以外に、リュウゼツランとサトウカエデぐらいしか思いつかない。しかし、パルミラヤシやキトゥルヤシの花序で行っているような前処理をすれば、経済性はとにかくとして、汁液のとれる植物があるのではないかと考えている人はたくさんいる。特に、日光の豊富な熱帯で生育している単子葉植物に可能性が高いと思うらしい。

正直に言って、この意見を一〇〇％否定することは難しい。私自身、試したことがないからだ。それに、うまくいった実験結果は学会などで大々的に報告されるが、うまくいかなかった結果はほとんど闇に葬られる。積極的な否定材料を見つけ難い。だが、可能性はきわめて低いであろう。人類の長い歴史のなかで、有用植物の利用は、ほとんどありとあらゆる方法が試みられてきた、と言える。ヤシの樹液利用も、その結果に違いない。同じ単子葉植物であり、果房の形がヤシ類と似ているバナナなどでは、おそらくヤシと同じ樹液採取が試みられたはずだ。言い換えると、ヤシ、リュウゼツラン、サトウカエデなどの樹液採取は、植物本来の特性と無関係ではないのではなかろうか。

シュロの樹液採取

傷を受けると、たちまち自らの状態を変化させてしまう篩管の特性から、篩管の観察そのものが非常に難しい。そればかりではなく、樹液を採取するヤシが生育するのは熱帯とか亜熱帯で、地域的な制約があり、しかも樹冠部が高いなど、ヤシの樹液採取の観察にはさまざまな困難がつきまとう。だが、私たちの周囲にいくらでも生えているシュロ *Trachycarpus excelsa* もヤシの一種だ。

シュロは、春の終わりから夏の始めにかけて、樹冠に黄色い小さな花をたくさん着けた立派な花序を出す。「シュロの花序から採液ができないであろうか？」とは、誰しもが考えることである。ヤシに関心のある二・三の知人も試したらしいが、結果は苦笑だけだ。もちろん、私も失敗した。樹液は一滴も出なかった。いろいろと理由はあろうが、花序の切る位置が先端に近過ぎたのと、切り戻しの回数が少なかったのではないかと思われた。

シュロは雌雄異株であるが、花序の形態は雌雄でほとんど変わらない。開花直前の花序は、数枚の苞を被っていて、長さが約四〇センチ、直径七〜八センチのタケノコ状をしている。苞を除くと、根元の直径が約三センチの主軸に数本（多くは四本）の枝が互生し、主軸の先端部および各枝は数本の小枝に分岐、各小枝はさらに数本の細枝に分かれ、その各細枝には直径二〜三ミリほどの花が数十個密生する。主軸から枝が分岐する部分は節になっていて、各節に竹皮状の苞がある。

　幸いなことに、二〇〇〇年四月末から五月にかけて再度実験する機会があり、これまでと同じ失敗を繰り返さぬように計画を練った。留意点のおもなものは、花序の主軸をこれまでより根元に近いところで切ること、切り戻しを朝夕の二回のみならず、もっと頻繁に行ってみること、ＥＤＴＡ溶液の処理を試みること、などであった。用いたのは樹高約四メートルの二株、双方とも雄株である。

シュロの樹液（花序の切口から滴が垂れている）

シュロ樹液の採取状況（小さなガラス瓶を吊してある）

　その結果、直径が約二センチの主軸を切れば、シュロの花序からも甘い樹液がとれたのである！　採液に使った小瓶の底から、スプーンですくって舐めると、かなり強い甘味を感ずる。念のため屈折式の糖度計で計ると、一八～二四％もあった。ただ残念なことに、量がいかにも少なく、一日にせいぜい五～一〇ccにしかならないので、実用にはほど遠い。

結果論であるが、やはり花序の主軸をかなり太い部分で切らなければ駄目だったのだ。これまでは、蕾が苞から顔を見せる前の段階で、花序の先端近くを苞ごと輪切りにしたため、切った主軸が細過ぎた。軸を通っている篩管の数は、その部分の断面積にほぼ比例する。今回の実験では、蕾が苞から少し顔を出した段階の花序を用い、第一枝と第二枝の間で主軸を切断した。

それと、花序を切ってすぐに樹液が出るわけではない。二回、三回と切り戻して初めて液が滴下するようになった。また、切り戻しの回数も大切だと思われた。このたびは、一日に朝昼夕の三回切ったが、切る前に切口が乾いていることがあったので、もっと回数を増せば、採液量も増した可能性がある。

期待のEDTAは、二〇ミリモル水溶液を切り口に塗布したり、脱脂綿に含ませて花序の根元に開けた孔（径六ミリ）に押し込んだりしたが、効果は判然としなかった。滴下する樹液の量が、心持ち増えた程度に留まった。これは、EDTAがシュロの体内にほとんど浸透しないためであろう。その証拠に、切り取った花序をEDTA溶液に挿し、主軸の先端を切ると、甘い樹液が対照区のほぼ倍量流出した。

身近に樹液のとれる樹があることは、樹液流出経過の観察などに好都合である。シュロについては今後とも、雌株を用いることを含めて、採液量の増加をはかる必要があろう。ただし、この樹は熱帯のヤシ類ほど生育が旺盛ではなく、果実のなり方も貧弱なので、元来、樹液の量が少ない可能性もある。

樹液流出をめぐる百家争鳴《ひやつかそうめい》

ヤシの樹液について、いろいろな意見を言う人がいる。その多くは、あまり科学的な（？）根拠があるとは思えないが、本格的な謎解きに入る前に、おもなものを列記して整理するのも無意味ではなかろう。

植物界には実に多種多様な植物が、それこそ無限とも言えるほど存在する。しかし、植物体の傷口から高濃度の糖分を含む樹液が、通常の感覚で「かなりの量」とれる例はきわめて少ない。成分や流出の条件などから、この樹液が篩管液であることに、疑問の余地はないように思えるのであるが、いぜんとして反対の主張をする人がいる。

よく聞く反対論は、得られる樹液が根圧によって流れ出る導管液だとする意見である。これは、ヘチマ *Luffa cylindrica* などの泌液現象（第1章五二頁参照）から連想するのであろうが、その場合、ヘチマの茎を地上たった三〇センチくらいで切るのに対し、ココヤシの樹液をとるのは高さ二〇〜三〇メートルにもなる樹冠部だ。そこまで根圧が直接及ぶことはあり得ない。それに、ヘチマ水に糖分はほとんどないし、茎を切られたヘチマの命はせいぜい一日で終わるなど、本質的に異なっている。高い蔗糖濃度は、篩管液であってこそ納得がゆく。ちなみに、ヘチマ水は導管液である。

フタゴヤシ雄株の花序
（スリランカ・ペラデニヤ植物園）

酒の原料となるヤシ樹液が導管液ではなく、根圧とも関係がないことは、伐り倒したヤシの幹でも酒ができること（第2章一四〇頁）からも言える。伐り倒された幹だから、根とは確実に無関係である。外部から水分が補給されることはないので、体内の水分と貯蔵養分だけによってできた篩管液が、傷口から滲出して酒になるに違いない。

ヤシから樹液がとれる類似現象として、ゴムノキ（パラゴムノキ）*Hevea brasiliensis* の乳液を思い浮かべる人もいる。しかし、その主成分はテルペン類で、糖類とは直接の関係がない。特殊な器官に集積した一種の樹脂が滲出してくるに過ぎない。その他の樹脂類、香料原料、阿片など、植物体に傷をつけて滲出する物質を利用する例は数多いが、いずれも滲出液中の主成分は糖類ではなく、滲出に継続性もない。

ちょっと奇想天外なことを言う人もいた。ヤシの花は虫媒花だから、蜜腺の蜜が流れ出てくるのではないかと言うのである。確かに、フタゴヤシ *Lodoicea seychellarum* の花序（雄花）にミツバチが寄っているのを見たことがある。しかし、花序全体の蜜を集めても、雀の涙ほどにもならないであろう。それに、ヤシの甘い樹液は花序だけからとれるのではない。幹頂部の軟らかい部分に傷をつけても得られる。それこそ、花の蜜腺とは何の関係もない。やはり甘い樹液は、花とか果実、あるいは幹の生頂点に送り込まれる篩管液の糖分を、人間が横取りしていると考えるのが妥当であろう。

樹液をとられることに対するヤシの反応についても、誤解している例にいくつか出逢った。その誤解の多くは、日常接しているヤシ以外の植物からの類推によるようだ。

まず、プレオナンシック（この言葉の意味については、第1章四五頁参照）のヤシの花序を切って樹液をとると、樹体に補償作用が起こり、ただちに新しい花序を生ずるとか、葉が増えるとか、光合成が増加すると考えている人たちがいた。しかし実際には、少なくとも外見的に、そのようなことはまったく起こらない。それは、ヤシが単幹性で、枝を増やしたり、葉を増やしたりすることが不可能なためばかりではなく、花序が開花・結実に本来消費するはずの栄養分と、採液によって失われる栄養分とが、ほぼ等価にバランスしているからであろう。

キトゥルヤシは葉がほとんどなくなっても採液できる（矢印に壺が見える）

また、ハパクサンシック（この言葉の意味についても、第1章四五頁参照）のヤシで花序を切って採液する場合、補償作用で葉を新たに生じたり、熱帯の強い日光で同化作用が増加し、幹内部の貯蔵澱粉に頼らなくても、葉から十分な糖分が樹液に送り込まれると考える人がいる。しかし、ハパクサンシックのヤシは、もともと、栄養成長期に幹の内部に貯めた澱粉によって開花・結実するように仕組まれているので、生殖生長期に入ってから新たに光合成を行う必要はほとんどない。その貯蔵澱粉が残っている限り、花序からの採液もまた、可能である。葉がほとんどないキトゥルヤシでも、集液壺がかかっているのをよく見かける。

導管や篩管は傷がついても漏れない

植物には導管と篩管があって、前者には根から吸収された塩類を含む水（導管液）、後者には糖類など光合成産物の溶液（篩管液）が充満している。しかし、一般的に、植物が通常の状態で傷を受けても、むやみに導管液や篩管液が漏れ出すことはない。その理由については、第1章で述べた導管流や篩管流の原理をもう一度思い浮かべて頂きたい（第1章五〇〜五六頁）。

導管流の場合は至って簡単だ。導管内の水（導管液）は葉から根までずっと一続きの水柱となっていて、水が蒸散によって葉から空気中へ放出されるにつれ、その水柱が上方に引っ張られるのだから、水柱が切れてしまえば、とたんに導管流は自然に止まる。つまり、導管流の主な原動力は受容側（葉）にあり、供給側（根）にあるわけではないので、導管に傷がついても、導管液は放っておいても漏れることはない。先述のヘチマ水は、むしろ特殊な例と言える。

篩管流の場合は少し複雑である。篩管流のおもな原動力は供給側と受容側の浸透圧の差であるが、供給側と受容側の連絡管（篩管）が断たれても、供給側に高い糖濃度と周囲から水の補給が保たれている限り、篩管流の原動力は失われず、結果として傷口から篩管液の漏出が続くはずだ。

しかし、実際には、一般に漏出が起こらない。それは、篩管細胞や伴細胞がただちに反応して、篩管流を止めるからである。具体的に言えば、篩管が切断され、膨圧の急激な解放があると、篩管細胞中の構造物が篩板に集まり、篩孔にカロースと呼ばれる物質が形成されるなどして、篩管を閉塞する。つまり、篩管には、緊急事態に備えて能動的に篩管流を止める機構が備わっている。

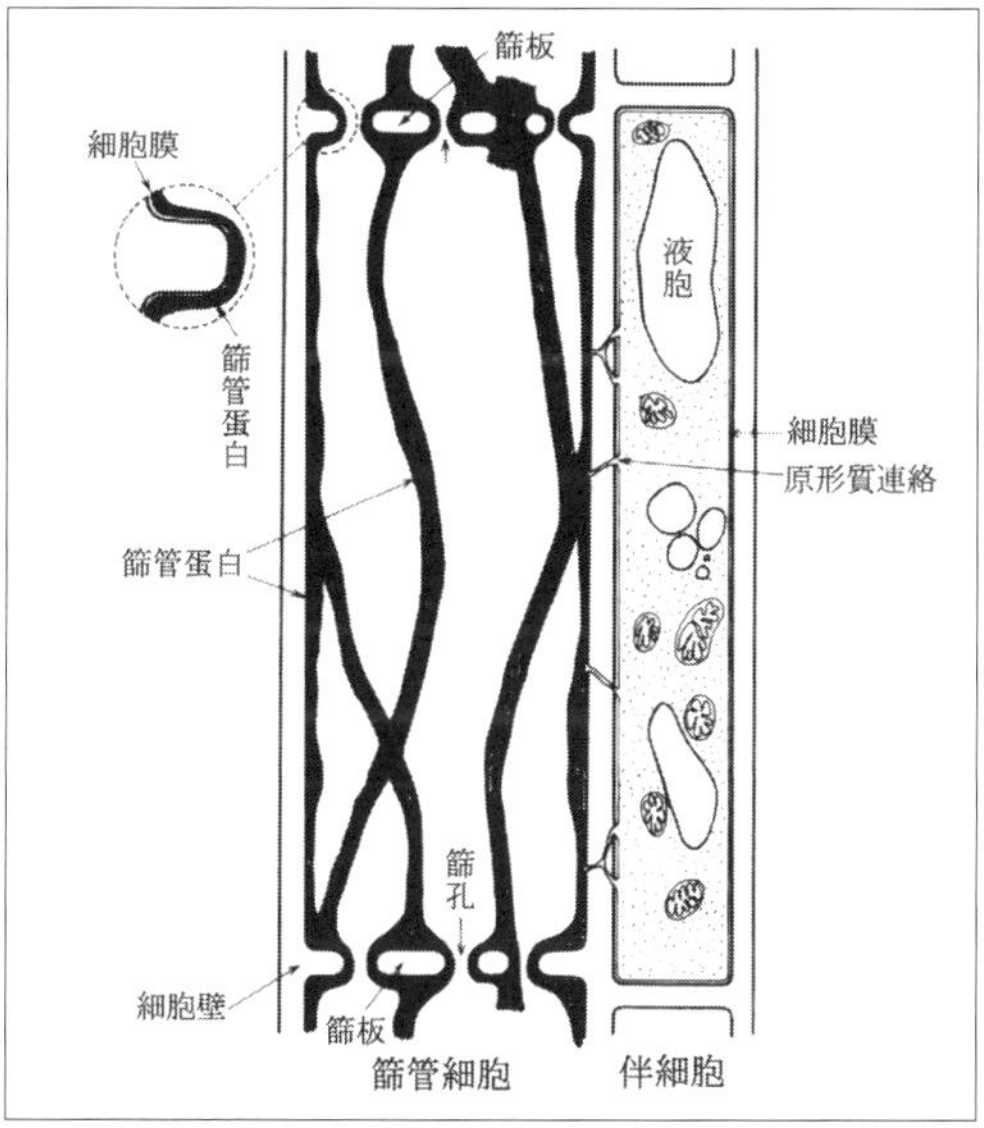

篩管細胞のモデル
桜井英博ら：『植物生理学入門』改訂版（1989）より

傷が相対的に小さくて、切れた篩管の数が比較的少なければ、受容器官側への養分供給は継続しているし、間もなくバイパスの篩管も開通するので、供給器官側への影響は小さい。だが、受容器官の能力が大幅に低下、あるいは欠失するような場合には、供給器官側の蔗糖合成能も大幅に低下するとか（二二五～二二六頁参照）、篩管流の行先が他の受容器官に変るなどの影響が出る。このような供給器官側の変化は、時間の経過とともに固定化し、仮に篩管が開通しても、元に戻らないこともある。それは、供給器官が光合成を行っている葉であろうと、貯蔵澱粉を糖化している髄などであろうと変わらない。

このように、植物は、応急的に篩管流を止めて被害を最小限に抑え、やがて傷口に近い組織の細胞が分裂を始め、いわゆる癒傷組織が傷口を覆うとともに、維管束の修復を行う。ただし、イネやムギ、ヤシなどの単子葉植物では、癒傷組織を生ずることは一般になく、傷口近くの細胞が褐変枯死し、内部を保護する外壁となる。

ヤシの篩管も本来は漏れない

ヤシ樹液の流出については、誤解をしている人が多い。私も同様で、採液法について詳しく知るようになる前は、花序を切ればたちまち大量の樹液が流れ出し、その勢いが弱くなるから切り戻しを繰り返すのだと考えていた。多くの学術書でさえ大同小異、スタインクラウス編『地域固有醗酵食品ハンドブック』でさえ、「維管束が詰まるから切り戻す」と書いてある。

採液の経過で最も注目すべき点は、花序の先端部を切ってすぐに樹液が流出するわけではないということだ。スリランカで収集した現場用の解説書や実際に採液している職人に聞いて、そのことを確かめた。それらによると、樹液が傷口から流れ出すのは、少なくとも一日とか二日（キトゥルヤシの場合）以後であり、多くは七日以上（ココヤシやパルミラヤシ）、場合によっては一カ月も経ってから（ココヤシ）となっている。先述したシュロの実験でも、液が滴下するのは二日目からであった。

このことは、これまでほとんど考慮されていなかった。ほとんどすべての学術書のヤシ酒に関する項目に、「ヤシの柔らかい部分に傷をつければ、樹液が流れ出てくる」とだけ書いてある。しかし、ヤシも他の植物と同じように、花序や幹頂部に初めて傷をつけられたときには、関連した篩管系が迅速《じんそく》に反応し、篩管流を止める。

だが、傷口の切り戻しを繰り返しているうちに、傷口から樹液が流れ出す。切り戻しを繰り返すほかにも、花序を叩いたり、潰したり、捻ったり、焼いたり、あるいは薬を塗ったり、埋め込んだりすることも行われているが、必ずしもすべての地域で行われているわけではないので、絶対条件とは考え難い。

ヤシの篩管に何が起こるのか

では、ヤシから樹液をとるときには、いったい何が起こっているのであろうか。確かに、篩管液が流出を続ける。この疑問を解決してくれる文献を私は一生懸命探し、多くの人にもたずねたが、結局のところ、的確な解答を得ることはできなかった。「ヤシ類の特殊な性質」と簡単に片づけられたり、「癒傷組織の形成が切り戻し作業で阻止される」といったていどの答が関の山で、問題の解決にはほど遠いのである。ヤシ類以外の植物の場合でも、傷口から汁液が流出しないことと癒傷組織の形成とは無関係だ。癒傷組織の形成（細胞増殖を必要とするから時間がかかる）を待つまでもなく、汁液の流出は見られないではないか。さらに人によっては、ヤシ体内の物質転流に関して導管流と篩管流の認識に混乱があるようで、問題解決は遠のくばかりであった。

それは、せっかく閉塞していた篩管が、再び開通するからに他ならない。篩管の状態がどのように変化して開通するのか、それを解剖学的に追跡するのは非常に困難である。先述したように、生きた篩管細胞の微細構造を観察することが、最新の技術をもってしても、今なお難しい。

ただし、篩管の変化を推論するのに有力な手掛かりがある。ソーンたちが一九七四年に開発したＥＤＴＡを用いる篩管液採取法だ。この方法で、転流物質がＥＤＴＡ溶液中へ長時間安定して流出すのは、ＥＤＴＡが植物組織中のカルシュウム・イオンと結合するので、篩管細胞のカロース形成が阻害されるためだとされる。現象の類似性から、ヤシの花序で切り戻しが繰り返された場合も、篩管細胞のカロース形成が阻害されて、篩管液が流出を続けるのだと推論できるのではなかろうか。

それ以外に考えられないということもある。つまり、篩管が傷ついても篩管液が流出しないのはカロースが篩管を塞ぐのだ、とするのが合理的ならば、流出するのはカロースの形成が不完全なのだ、とするのも合理的であろう。

ヤシの篩管がＥＤＴＡの作用を受けることは、カンダイアとコクラタザンの報告（一九八七年）によって明らかである。それによると、二〇ミリモル濃度のＥＤＴＡ水溶液を朝夕パルミラヤシの花序断端表面に処理すると、樹液の流出量が二～三倍に増加したとのことである。切り戻しの繰り返しでカロースの篩管閉塞が不完全になっていたところへ、ＥＤＴＡの作用が加わり、カロースの形成がいっそう阻害された、と考えれば説明がつく。

このＥＤＴＡ処理の報告は、一九九三年にスリランカを訪れたとき、テイウェンディララーンャ教授から紹介され、その際、エチレンも話題になった（第3章一六五頁参照）。エチレンは非常に多くの生理作用を持つ植物ホルモンの一種で、植物体が傷害などのストレスを受けたときにも生成する。切り戻しを繰り返されるヤシの花序で生成し、篩管細胞の反応に関与している可能性は十分にあるが、これまでのところ、それを裏づける研究報告は見当たらない。

以上、ヤシ樹液流出の原因として篩管の反応について述べたが、樹液流出が続くためには、もう一つ重要な原動力が必要である。それは、切られた花序へ蔗糖を送り出している供給器官で蔗糖合成機能が正常、いや、正常以上に作動することである。花序が切られ、篩管が反応して閉塞すれば、供給器官の蔗糖合成機能は、少なくとも一時的に休止するはずである。切り戻しを繰り返して、仮に篩管が開通したとしても、供給器官側の篩管で蔗糖の積み込みが再開されなければ、篩管液の流出は起こらない。受容器官側の篩管が開放状態で、篩管液が垂れ流しという条件が続くと、供給側の機能がむしろ目一杯に作動するからこそ、あのような樹液流出が起こるのである。

樹液流出は篩管制御系の異常

植物では一般に、ある篩管系が損傷を受けると、その情報は直ちに篩管系の上流方向に伝達され、その篩管流が停止するので、篩管液が無闇に流出することはない。この篩管流停止は可逆的な現象である。損傷部分が修復され、受容器官へ篩管系が接続されれば、その情報を受けて、篩管細胞は再び活動を始め、篩孔のカロースを溶解し、供給器官側で蔗糖を積み込むので、篩管流がまた起こる。すなわち、通常の植物では、篩管が損傷しても篩管液が漏れることはなく、傷が修復されるまで篩管流の再開もあり得ない。

ところがヤシでは、傷口の切り戻しが繰り返されると、いったん塞がっていた篩管がむしろ開通し、加えて供給器官側で蔗糖の積み込みも再開する。つまり、供給器官側は、篩管の垂れ流し状態と受容器官側の積み降ろしとを区別せずに、篩管液を送り出すのだ。その結果、供給器官の葉や髄などから受容器官の花や果実、あるいは生頂点などに送り込まれるはずの栄養分を大量に失ってしまう。これはヤシの自己防御という面から見て明らかに篩管制御系の異常である。

少々余計なことかもしれないが、この異常が起こる経過は、先述したように、まず塞がっていた篩管が開通することから始まり、ついで供給器官側で蔗糖の積み込みが再開するのであって、供給器官側の蔗糖積み込み再開が先行するとは考え難い。篩管が垂れ流し状態になれば、供給器官側の能力一杯の積み込みが必然的に起こる可能性すらある。これは、光合成産物の転流を主働的に支配するのが受容器官側の受容能であること（二二五頁参照）と共通する理屈だ。

では、いったんは塞がっていた篩管が、なぜ開通するのであろうか。残念ながら現在のところ、傷口の度重なる切り戻しによって、篩管細胞が撹乱されるからとしか言いようがない。テイウェンディララージャ教授が主張するように、エチレンがからんでいるかもしれないし、そうでないかもしれない。あるいは、たびたびの傷口更新が、カロース形成に必要なある種の物質を使い果たしてしまう可能性もある。要するに、今後解決すべき問題である。

ヤシの篩管系に異常を起こさせる人為的処理は、かなり不確定要素を含んでいて、いつも安定してうまくゆくとは限らない。そこで、採液職人たちの最大の悩みは、どうしたら樹液の流出開始を早め、確実なものにすることができるか、ということになる。そのためにいろいろな工夫がこらされているのであろう。ただし、いずれも決定的な効果を示しているとは言えないようだ。だからこそ、あれでもかこれでもかと試しているように思える。

この樹液の流出現象がヤシ独特のものなのかどうかは分からない。しかし、多くの植物で普遍的に起こるとも考えられない。むしろ特殊な例として、ヤシに似た利用のされ方をするサトウカエデやリュウゼツラン、虫が傷口に集まるクヌギやナラなどしか思いつかないことはすでに述べた。サトウカエデやリュウゼツランの樹液に関する詳細も、まったくと言ってよいほど不明である。しかし、おそらくヤシの場合と同様に何らかの理由によって、篩管閉塞を阻害する因子が働くのであろう。クヌギやナラなどで傷口の樹液滲出が止まらないのは、虫が傷を舐めたりかじったりする刺激が、ヤシの切り戻し作業と同じように作用していることも考えられる。もしもそうだとするならば、これもまた、アブラムシなどが口針を篩管に挿しても篩管流が止まらないのと同じく、虫と植物の不思議な関係と言えなくもない。

エピローグ

二五年前、ヤシ酒に不思議な魅力を感じて始まった私の旅も、どうやらゆき着くべきところにゆき着いたようである。ヤシ酒があるのに、まだいったことのないところは沢山ある。例えば、文化人類学や現代社会学的にヤシ酒が重要な位置を占めるアフリカ諸国には、一度も足を踏み入れたことがない。東南アジアでも、ミャンマー、マレーシア、カンボジヤ、ヴェトナムなどの国々がゆかずに残ってしまった。資料や文献の類にしても、ごく一部を集めただけである。しかし、欲を言ったらきりがない。もともと、世界中のヤシ酒を見ようなどと大それた計画もなかった。ましてやヤシ酒のすべてを網羅した研究書を書くつもりもない。ただ、私自身の興味を満たしたかったのである。いろいろなヤシ酒採取の現場を見て、その味を実際に味わった。初めに抱いた疑問についても、決して完全解決ではないものの、ほぼ自分を納得させることができた。それが私にとって手の届く植物生理学の限界であったということもある。

言うまでもないことであるが、ヤシ糖やヤシ酒は、ヤシの利用ということから見て、ほんの一部に過ぎない。ヤシ科植物は、それぞれの地域に特産するさまざまな種類が、そこに住む人々の生活と深く結びついて利用されてきた。特に熱帯諸地域では、人々の生活とヤシの関係は密接だ。食料や嗜好品となる各種ヤシの果実、細工物に向く硬いゾウゲヤシの胚乳やココナッツの殻、食料や菓子材料のサゴ澱粉、野菜となる若芽、有用な木材になる硬い幹、家具や細工物になる柔軟なトウの茎、葉柄や果皮の繊維、壁材や屋根材になる葉、筆記材としての葉など、ヤシは地域の文化そのものを支える重要な天然素材となった。ヤシ糖やヤシ酒も、その多様なヤシ文化の一側面として理解する必要がある。

このヤシに多くを依存した熱帯諸地域の人々の生活も、近年の世界的な工業製品の氾濫や食生活の西欧化と無縁であるはずはない。かつてはヤシなどの天然素材を利用していた多くの生活用品が、石油化学製品に置き換えられた。輸入した小麦粉のパンが米や雑穀の主食に取って代わり、肉類や乳製品の消費が増えた。それに伴って、食料としてヤシの重要度が相対的に低下しているのは確かだ。だが、ヤシが相変わらず豊富で安価な資源であることに違いはない。例外的にココヤシやアブラヤシが、油料植物として大規模なプランテーション栽培されることもあるが、一般に多くのヤシ類は自生もしくはそれに近い状態で育つ。熱帯諸地域の人々にとって、ヤシは身近などこにでもある植物である。さらに加えて嗜好の問題もある。例えば、カレーなどの熱帯料理に、調味料としてココナッツミルク（磨砕したココナッツの脂肪層に水を混ぜて絞った汁液）は不可欠とされる。まだまだヤシと人々の関係は切れそうにない。そこには、近代社会の生産性とか品質管理だけでは律しきれない何かがある。そういった観点で、ヤシ糖やヤシ酒の将来について少し考えてみよう。

まず、生産性の問題であるが、よほどの技術的革新でもない限り、将来とも格段の向上は望めないのではなかろうか。原料のヤシ樹液は、熟練した職人が、毎日朝夕、高い樹に登り、花序を切り、いちいち集めてこねばならない。しかも、その樹液の流出は、どんなに努力しても、滴《しずく》として落ちる程度の速度だ。刈り取ったサトウキビの茎を機械にかけ、汁液が滝のようにほとばしるのとは、わけが違う。アメリカやカナダでは、サトウカエデの樹液を集めるのに、チューブを連結してポンプに繋いでいるが、それを見習ったところで高が知れている。そもそも微々たる流量の篩管液を直接採取するところに、ヤシ樹液の宿命的な問題点がある。サトウキビの茎、ブドウの果実、大麦などは、植物が何日も何日も、場合によっては何か月もかけて篩管液の光合成産物を蓄積した結果だ。その収穫物を一挙に利用することによって、近代的な製糖工業や醗酵工業が成立している。

しかし、この低い生産性とは裏腹に、ヤシ糖やヤシ酒には、他に類を見ない手軽さがある。何しろ、ヤシ類は粗放栽培が可能だし、花序や幹の先端に傷をつけさえすればよい。特別な道具や装置も全く必要としない。熱帯諸地域の人々が、古くから身近なヤシを利用したヤシ糖やヤシ酒に親しみ、強い嗜好が培われているのは当然である。その嗜好が続く限り、生産性の低さは必ずしも不利ではあるまい。スリランカでは、サトウキビの白砂糖一キロが約六〇〇円なのに、キトゥルヤシのジャグリは約三〇〇〇円もする。菓子や料理の風味を出すための需要から、すでに希少価値（?）が出て、かつてとは値段が逆転しているのだ。インドネシアやタイでも、サトウヤシ、パルミラヤシ、ココヤシのヤシ糖が同じような扱いを受けていた。

ヤシ酒のトディについても似たことが言える。トディは、品質の点で一般受けしないものも多いが、非常に安価なこともあって、農漁村や都会の低所得者層には根強い人気がある。熱帯諸地域の人々の生活とヤシ類の密接な関係から、トディの生産は自家用を含め将来とも途絶えることはあるまい。むしろ問題は蒸留酒のアラックにありそうだ。アラックはトディに較べると味や香りが万人向きで、安定した需要が見込めるが、多量の原料トディを必要とする。ある量以上の原料トディが継続して供給されなければ、蒸留工場の運営が成立しない。熟練を要し、危険でもある採液職人の確保が、次第に困難になるのは確かである。先述したように、樹液採取の生産性向上には限界があるとしても、機械導入など採液の効率化が今後の重要課題になるであろう。もしもそれが可能になれば、トディそのものの品質改善も夢ではなくなる。最近スリランカで、ビールと同じ缶入りトディが試作され、外国人の間でも評判は悪くないという。事実、冷やして飲むと結構いける。良い材料（樹液）を周到に管理して醗酵させれば、良質の酒が安定して得られる可能性を示している。

ヤシ酒を訪ねて歩きながら、各地で味わったトディの味は千差万別であった。不味いの美味しいのいろいろとある。だが私は、二〇年以上前にスリランカのジャフナで飲んだパルミラ・トディの美味しさを忘れることができない。最近再びスリランカを訪れたとき、私はぜひジャフナにゆきたいと考え、ガイドと交通手段を探してあちこちに手を回したが、全部駄目であった。何しろジャフナは民族紛争の真っ直中にあり、政府軍と「タミル・イーラム解放の虎」との間で、連日のように激しい戦闘が交わされている。ついには「ゆけるかも知れませんが、帰れませんよ」と言われて、結局諦めざるを得なかった。一日も早く紛争が解決して、あの美味しいトディをまた味わいたいものである。

缶ビールならぬ缶トディ

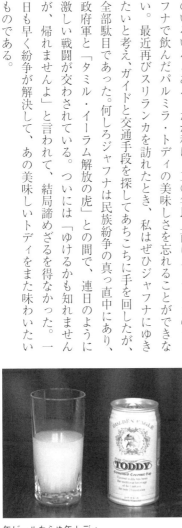

実を言うと、この本の原稿は、もう数年前に大部分ができていた。ヤシ酒についてまとめられた本が全く見当たらないので、正しい姿を世に伝えたいと考えて書いたのである。しかし、その種の内容では売れないとの理由で、印刷を引き受けてくれる出版社が見つからず、ずるずるといたずらに年月が経ってしまった。このたび、批評社のご好意でやっと出版できることになったのは、たいへん喜ばしい。急いで原稿を見直し、可能な限り新しい知見を盛り込むように努めたが、基本的な内容は数年前とほとんど変わらない。

ヤシ酒について書く気になったのは、一九九三年にスリランカを訪れた折りである。そのときでさえ、かつて彼の地に勤務したころ（七五〜七七年）を思い、今昔の念にたえなかった。それからまた七年、さらにいろいろなことがあった。考えると感無量である。最も悲しむべき出来事は、スリランカ勤務時代のカウンター・パート、チェルワットレイさんの死去だ。乳癌を患い、ご主人の懸命の看病にもかかわらず、一九九七年九月二七日に亡くなったと妹さんから連絡を受けた。奇しくも五四歳誕生日の前日だったそうである。その他にも、スリランカやインドでお世話になった何人かの訃報を聞いた。国外に出た人も多い。ミグ二五戦闘機事件で親しくなったガンゴダウィーラ夫妻もニュージーランドに移住してしまった。もっとも、一家で日本に遊びにくるくらいだから、現在の彼らはむしろ幸せなのかもしれない。
　この本に登場する日本の友人たちは、皆さんそれぞれの海外勤務を終えて、今は悠々自適の身だ。ときどき会って、いっしょに各国の民族料理を食べにゆく。そのなかにはスリランカ料理もある。スリランカ料理の店には、必ずと言ってよいほどココヤシのアラックが置いてあって懐かしい。最近、スリランカ料理の店はあちこちにあるから、日本国内でもアラックはそれほど珍しい存在ではなくなっている。この本を読んだ方は、機会があったらぜひ、ヤシ酒の味を試していただきたい。きっと「意外に美味しい」と思われるに違いない。エピローグで紹介した缶入りトディも、そのうち日本に輸入されるのではなかろうか。

　各国の取材に当たり、本文中でお名前を挙げた方々には筆舌に尽くし難いほどお世話になった。篤く御礼申し上げる。また、異国の地で情報を手に入れるには、現地の人々の協力が不可欠であるのは言うまでもない。この点でも私はたいへん恵まれていた。いちいちお名前は挙げないが、心から皆さんに感謝の言葉を述べたい。そして、長らく眠っていた本書の原稿を惜しんで上梓にご尽力下さった呉大学山下洵子教授、最終的な加筆に貴重なご意見を賜った上智大学生命科学研究所峯田司氏に深甚なる謝意を表する。

　本書を糟糠の妻小夜子に捧げる。

二〇〇〇年八月一八日

著　者

参考文献

(1)Chinnatamby, K. (1948), The Palmyrah Tree., pp.16, Kalanidi Press,, Point Pedro.

(2)Coconut Research Board (1967), Toddy Tapping.,pp.10, Leaflet No.48.

(3)Corner, E.J.H. (1966), The Natural History of Palms., pp.387, Weidenfeld and Nicolson, London.

(4)De Zoysa, N. (1992), Tapping patterns of the Kitul Palm (*Caryota urens*) in the Sinharaja Area, Sri Lanka. Principes 36(1):28-33.

(5)Eiseman, F. and M. Eiseman (1988), Fruits of Bali., pp.60, Periplus Editions, Berkeley.

(6)Jeganathan, M. (1974), Toddy yields from hybrid coconut palms. Ceylon Coconut Quarterly 25:139-148.

(7)Kandiah, S. and S. Kokulathasan (1987), EDTA stimulation of sap flow of palmyrah palm (*Borassus flabellifer* L.). Vignanam - Journal of science, University of Jaffna, Vol.2 (1&2) : 58-61.

(8)King, R.W. and J.A.D. Zeevaart (1974), Enhancement of Phloem Exudation from Cut Petioles by Chelating Agents. Plant Physiol.53:96-103

(9)Kovoor, A. (1983), The palmyrah palm : potential and perspectives., pp.77, FAO Plant Production and Protection Paper 52, FAO, Rome.

(10)Molegoda, W. (1945), The kitul palm. Tropical Agriculturist. 101:251-257.

(11)Samarajeewa, U., M.R. Adams and J.M. Robinson (1981), Major volatiles in Sri Lankan arrack, a palm wine distillate. J. Food Technol 16: 437-444.

(12)Samarajeewa, U. and M.R. Adams (1983), Biochemistry of fermentation in toddy and production of arrack. Vidyodaya J., Arts, Sci., Lett., Vol.11:41-53.

(13)Samarajeewa, U. and M.C.P. Wijeratna (1983), Coconut sap as source of sugar. Vidyodaya J., Arts, Sci., Lett., Vol.11:69-75.

(14)Samarajeewa, U. (1986), Industries based on alcoholic fermentation in Sri Lanka. pp.94., Science Education Series No.16, NARESA Publication.

(15)Saono, S., R.R. Hull and B. Dhamcharee (1986), A Concise Handbook of Indigenous Fermented Foods in The Asca Countries., pp.237, The Indonesian Institute of Sciences (LIPI), Jakarta.

⒃Steinkraus, K.H. (1983), Handbook of Indigenous Fermennted Foods. Marcel Dekker Inc. New York.
⒄Theivendirarajah, k., M.D. Dassanayake and K. Jeyaseelan (1977), Studies on the Fermentation of Kitul (*Caryota urens*) Sap. Ceylon J. Sci (Bio. Sci.) Vol.12, No.2.
⒅The Wealth of India. A Dictionary of Indian Raw Materials and Industrial Products. Volume I, (1948), Council of Scientific and Industrial Research, New Delhi.
⒆Thirukanesan, A. and K. Theivendirarajah (1978), Methods used in tapping Palmyra palm (*Borassus flabellifer* Linn). PHYTA Vol.1:25-29.
⒇Tomlinson, P.B. (1990), The Structural Biology of Palms. Oxford University Press.
(21)Thorne J.H. and R.M. Rainbird (1983), An In Vivo Technique for the Study of Phloem Unloading in Seed Coats of Developing Soybean Seeds. Plant Physiol.72:0268-0271
(22)Vidanapathirana, S., J.D. Atputharajah and U. Samarajeewa (1983), Microbiology of coconut sap fermentation. Vidyodaya J., Arts, Sci., Lett., Vol.11:35-39.
(23)Wongkhalaung, C. and M. Boonyaratanakornkit (1986), Fermented Foods in Thailand and Similar Products in Asean and Elsewhere., pp.125, Institute of Food Research and Product Development, Kasetsart University, Bangkok.
(24)阿部　登 (1989), ヤシの生活誌., pp.279, 古今書院　東京.
(25)愛宕松男訳注 (1970), マルコ・ポーロ 東方見聞録1., pp.358, 平凡社　東京.
(26)愛宕松男訳注 (1971), マルコ・ポーロ 東方見聞録2., pp.350, 平凡社　東京.
(27)茅野充男編 (1991), 現代植物生理学⑤物質の輸送と貯蔵., pp.196, 朝倉書店　東京.
(28)福西栄三 (1976), ウイスキー百科., pp.266, 柴田書店　東京.
(29)濱屋悦次訳 (1994), ロバート・ノックス セイロン島誌., pp.406, 平凡社　東京.
(30)池上重弘,M.マナル (1998), インドネシア，トバ・バタック社会におけるヤシ酒の社会的・文化的位置づけ., 食文化助成研究の報告8
(31)石井龍一編 (1994), 植物生産生理学., pp.169, 朝倉書店　東京.
(32)小崎道雄 (1975), 東南アジアの発酵食品. 日本食品工業学会第22回大会資

料:12-20.
⒀小崎道雄,飯野久和,Priscilla C. Sanchez (1994), ヤシ酒と関与微生物について．昭和女子大学大学院生活機構研究科紀要 3:53-61.
⒁宮地重遠,大森正之編 (1998), 植物生理工学., pp.144, 丸善　東京.
⒂日本観光文化研究所編 (1981), キャッサバ文化と粉粥餅文化., pp.286, 柴田書店　東京.
⒃佐伯敏郎監訳 (1999), Walter Larcher 植物生態生理学., pp.375, シュプリンガー・フェアラーク東京　東京.
⒄坂口謹一郎 (1964), 日本の酒., pp.206, 岩波書店　東京.
⒅桜井英博,柴岡弘郎,清水　碩 (1989), 植物生理学入門改訂版., pp.293, 培風館　東京.
⒆佐々木高明 (1968), インド高原の未開人., pp.240, 古今書院　東京.
⒇佐藤　孝 (1983), ココヤシーその栽培から利用までー., pp.74, 国際農林業協力協会.
(41)菅間誠之助 (1984), 焼酎のはなし., pp.225, 技報堂出版　東京.
(42)杉村順夫,松井宣也 (1998), ココヤシの恵み., pp.136, 裳華房　東京.
(43)高宮　篤,小倉安之訳 (1955), ボナー,ゴールストン共著 植物の生理., pp.450, 岩波書店.
(44)横田明穂編 (1999), 植物分子生理学入門., pp.268, 学会出版センター　東京.

濱屋悦次（はまや・えつじ）
1929年東京都生。東京大学農学部卒。農学博士。専攻は植物病理学、植物ウイルス病に関する研究で日本植物病理学会賞受賞。農林水産省在職中は各種作物病害の研究に従事、東京大学大学院講師、科学技術会議専門委員（組換ＤＮＡ分科会担当）を兼務。農林水産省退職後は日本女子大学講師、東京バイオテクノロジー専門学校講師など。現在は各地の食文化について情報収集中。著書に『植物組織培養』（朝倉書店）、『植物組織培養の技術』（朝倉書店）、『応用植物病理学用語集』（日本植物防疫協会）など、訳書にロバート・ノックス著『セイロン島誌』（平凡社）がある。

ヤシ酒の科学

ココヤシからシュロまで、不思議な樹液の謎を探る

2000年11月10日　初版第1刷発行
2018年 4 月25日　新装版第1刷発行

著　者――濱屋悦次

発行所――批評社
〒113-0033　東京都文京区本郷1-28-36 鳳明ビル
Tel. 03-3813-6344　Fax. 03-3813-8990
e-mail book@hihyosya.co.jp
http://hihyosya.co.jp

印刷所――モリモト印刷株式会社

装幀者――臼井新太郎
組　版――字打屋

乱丁本・落丁本は小社宛お送り下さい。送料小社負担にて、至急お取り替えいたします。

　ISBN978-4-8265-0679-3 C0045